与最聪明的人共同进化

HERE COMES EVERYBODY

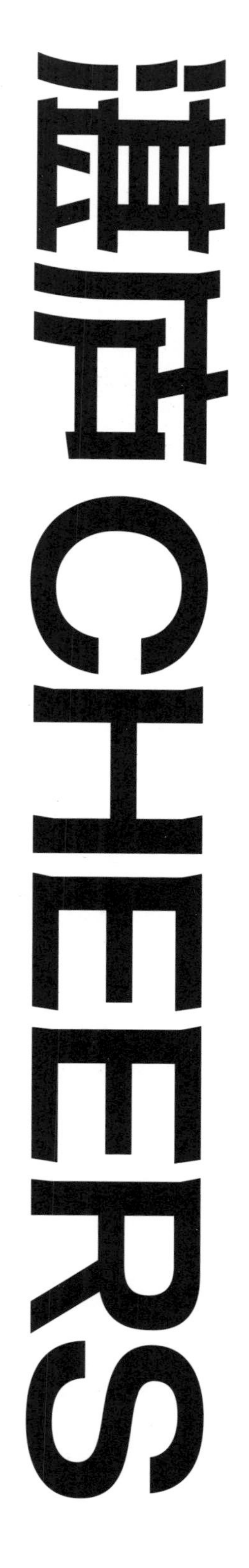

重写生命未来

[墨西哥] 胡安·恩里克斯（Juan Enriquez）
史蒂夫·古兰斯（Steve Gullans）著

郝耀伟 译

EVOLVING OURSELVES

浙江教育出版社·杭州

目 录

第四部分 拥抱未来，预知改写生命密码的前景 / 139

扫码下载湛庐阅读 App，

搜索“重写生命未来”，

获取本书作者精彩演讲视频！

引 言

加速进化：重新编码世界和我们的身体

想象一下，我们把达尔文从他 19 世纪的家中劫持出来，直接放在今天的伦敦特拉尔加广场中央，他会有什么样的感受？

在一阵晕头转向后，这位专攻人类优势和瑕疵的剖析者会开始观察：怎么一切变得如此整洁有序？往日充斥着煤烟、马粪和恶臭污物的街道怎么不见了？靠稀粥度日的流浪汉、肆虐的传染病、满街的跳蚤以及《雾都孤儿》（*Oliver Twist*）里描写的流浪儿童都去哪儿了？每个人的营养摄入状况似乎都很好，确切地说是明显地营养过剩。广场上的人们看上去既熟悉又陌生，哪儿来的这么多大高个儿，为什么有这么多人肥胖臃肿？为什么孩子这么少，老人这么多，而且这些银发老人怎么看上去都很健康？他会惊叹于林林总总的食物、小贩、流动售烟车、炸肉排摊儿和有机果汁吧台。他还会好奇为什么很多餐馆墙上贴着“如对任何食物过敏请告知服务生”的告示。他继续探究会发现：街上每个人都衣容整洁，牙齿健康整齐。孩子们都会识字读书，还有时间自由玩耍……为什么在特拉尔加广场跑步的大人们都穿着短裤和尼龙鞋？为什么有的老人几乎没有皱纹？为什么有许多孩子和老人要对着雾化吸入器深呼吸？

你应该能看出达尔文在广场上寻找什么，快速进化的表现在我们身边无处不在。仅仅用了150年的时间，人类物种就发生了明显变化。我们重新设计了世界和自己的身体，变得更加聪明，还更为恋家。但掌管自身的进化也带来了意外后果：快速进化的表现还包括迅速增长的自闭症、过敏症和肥胖症患病率，以及其他一些身心变化，而并非所有的变化都是正面的。

一直到相对晚近的时期，也只有少数人生活在达尔文的同时代人查尔斯·狄更斯所描述的那种贫困当中，那时的城市民生穷困、疾病横行、污物泛滥、生命夭亡，种种惨状屡见不鲜。大多数人的生活状态都很接近达尔文在他最著名的论著《物种起源》（*On the Origin of Species*）中所描述的那种蛮荒世界。在那个世界中，自然是进化的驾驭者，星球上的生物的生存和兴旺取决于两种关键力量：自然选择和随机变异。

重温一下生物学入门课的内容，自然选择讲的是我们现在看到的物种都是那些很好地适应了特定的环境，一代代繁殖到现在的。换句话说，就是“适者生存”。如果一种生物找不到足够的食物，不能抵御捕食者和疾病，无法找到合适、健康的配偶，那么它就会灭绝。随机变异指的是DNA这种核心遗传密码，作为物种生物特性的基础，在一代一代随机地缓慢变化。通常这些改变是无害且注意不到的。有些情况下，显著改变会有助于个体生物比其祖先更好地生存繁衍，而另一些时候，变化则可能会带来可怕的遗传疾病。

如果要达尔文来写一部《双世纪记》（套用与他同时代的著名作家狄更斯《双城记》的题目），他可能会用大量篇幅来描述无处不在、残酷无情的变化。

近 40 亿年以来，自然选择决定了物种的生存和灭绝。生命在通过随机变异适应改变着，随着环境变迁、细菌进化与新捕食者和食物资源的变化，至少有一些物种会在某些时候赢得好运，得以幸存。

本书的目的不是要争辩说达尔文讲错了，而是说他的观点不再像以前那么正确了。在 20 世纪里，人口数量急剧增长，人们在城市中聚集，智力不断提升，人类自身及生活环境都越来越趋向于家庭中心化。我们变成了生存和死亡的根本驱动者。这一改变太过剧烈，如果达尔文在世的话，恐怕他要重新改写《物种起源》中的许多部分，因为进化的基本逻辑已经从大写的 N（Nature，自然）转向了两种新的核心驱动力：U（Unnatural selection，非自然选择）和 N（Nonrandom mutation，非随机变异）。

在人类还没有强加其意志的地方，那些没有被城市、农场、公园和度假寓所侵占的地方，达尔文式的逻辑和自然选择仍继续发挥着举足轻重的作用——界定和驱动着生命的进化。但这些曾经广袤的地域现在已经很稀少了。现在地球上一半的陆地上都生活着人类想要的物种，而不是不加干涉、自然生长的植被。海洋、河流、湖泊都在不断被消耗。只用了几个世纪，许多曾经的森林、草原、沙漠、苔原就被我们重新改造、施肥、区隔、播种和灌溉，从而用于种植和养殖我们想要的植物、动物和其他想要的一切。这就是非自然选择。

在过去的 20 多年里，人类发明了重新设计生物体遗传密码的方法，进化的步伐大大加快。我们开发了强大、便宜、快速的方法来读取、复制和编辑细菌、病毒、动植物和人类的遗传密码。我们在设计易患癌症的老鼠和长寿蠕虫的时候，改变的不只是一个物种中有多少个体能存活下来，也改变了物种的根本性质，这就是非随机变异。在这个新词中，我们将随机、缓慢的进化替换成了精心设计、迅速、智能的改变，想必达尔文见到这些也会惊叹不已。

现在，什么物种能够在地球上繁荣发展取决于一个进化跷跷板。跷跷板一端代表着整个自然的分量。进化的传统力量——自然选择和随机变异，带来了丰富的多样性、连续不断的物种消亡和诞生。跷跷板另一端代表着智人的意志和愿望。达尔文详细描述了当动植物被人类驯养栽培和再设计时会发生什么，但他没有继续走下去：如果这些趋势持续下去的话，人类终将把影响力扩展到整个星球和自己身上，赶上并超越自然选择和随机变异的力量。

很多人在直觉上会把“非自然”这个词和不好的东西联系在一起，但实际上我们已经将大自然转变成一种更温和、更脆弱的存在，这对人类而言是非常成功和有益的。1856 年，英国人的预期寿命是 40.4 岁。现在，因为“我们是唯一能够根据自身的意志让自然选择暂停、中止的物种”，人类的寿命延长了近一倍，在发达国家和地区，超过 99% 的婴幼儿都能生存下来。在驯养栽培动植物、改造环境和自身的同时，我们不仅延长了人均寿命，还改善了生活质量。

在这一过程中，我们承担着巨大的责任：在选择和设计什么能在这个星球上生存和灭亡的同时，我们就在驱动着进化。我们现在读取、复制和改写生命密码的能力在不断加速，甚至超过了预测计算机性能提升速度的摩尔定律，我们在更快、更低成本地重新设计花草、开发美食、研发治疗药物、设计动物来服务人类，为人类提供娱乐。

本书的第一部分展示了人类驱动快速进化的各种表现和潜在原因。第二部分解释了改变生命形式的各种方法，以及如何迅速改变物种。第三部分介绍了读写生命密码对人类自身来说意味着什么，以及随着我们开始大范围编辑生命形式，将会发生什么。第四部分讨论了我们该如何选择自身的进化以及对这些选择的一些伦理学思考，还包括探讨运用我们新掌握的能力来重构已灭绝的物种，改变自身，设计人工生命形式，或许还包括离开这个星球。

把达尔文进化论的一部分内容抛在身后，进入人类驱动进化的新范式，这意味着什么？这意味着我们在按照自身的意愿不断塑造自然。许多老弱病残者不会再被自然选择无情地剔除出去。对于人类物种来说，这种由自然选择向人类代行其职的转变，或许是我们到目前为止取得的最伟大的成就和面临的最伟大的挑战。我们将能够尝试回答下面这些问题：我们想如何设计生命？我们想让几百年后的人类长成什么样子？我们该用这些创造出来的人工生命形式做什么？尽管每个问题都一定会有许多错误甚至有害的答案，但找到可能的正确答案将意味着持续、全面改善人类的生存状况，带来更好的健康状态、更长的寿命和对日常生活更有效的控制。已经有许多发现值得我们骄傲了，控制和指导生命的探险才刚刚开始。

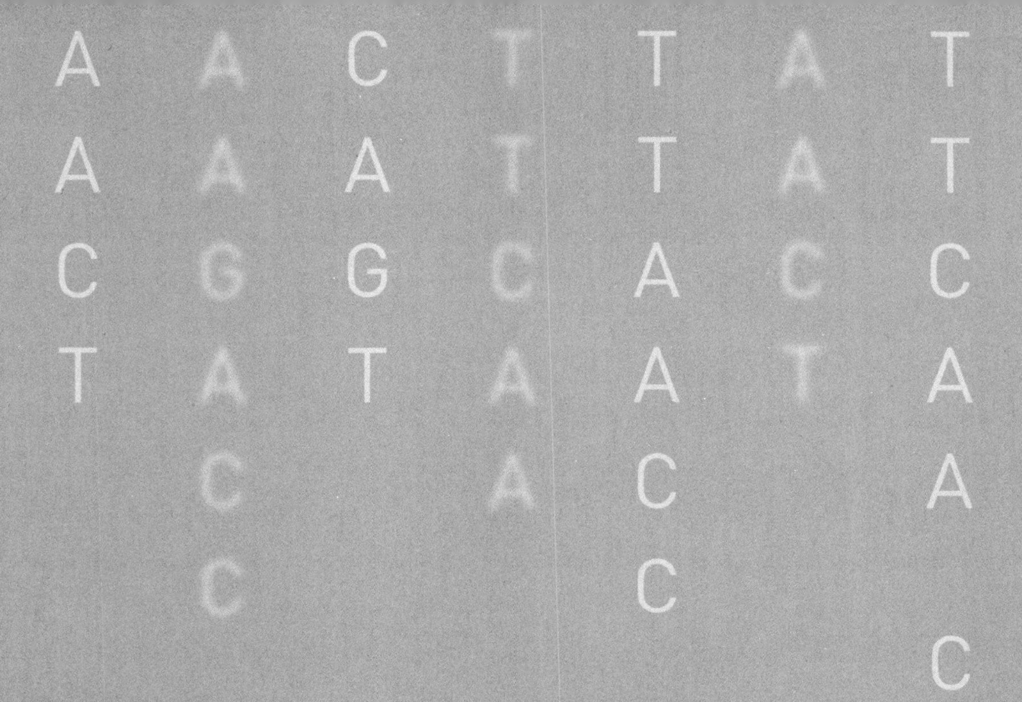

第一部分

改写生命密码，重写人类未来的决定性力量

EVOLVING
OURSELVES

第 1 章

重写大脑：自闭症发病率为何逐年增高

《死亡率和发病率周报》（*Mortality and Morbidity Weekly Report*）有点像医疗版的《凯乐蓝皮书》（*Kelley Blue Book*）—— 一家著名的二手车估价媒体。《死亡率和发病率周报》通篇都是上一周有多少人得病、多少人死亡的数据，其中充满了令人心烦的细节。它可不属于沙滩读物，读《死亡率和发病率周报》就像盯着油漆慢慢变干一样乏味无趣。但在没完没了的统计数字里面，很多病人和喜欢刨根问底的人仍能够发现一些长期趋势，有时还能找到严重的短期断点。

医生和流行病学家发现，短期断点具有某种警示作用。某种极其罕见的肿瘤，比如卡波西（Kaposi）肉瘤的突然增长，可能是一种大规模传染病，比如艾滋病，在历经漫长的潜伏期后暴发的先兆。1982 年有几十名患此罕见肿瘤的病人入院，而在 1992 年，全美国确诊的艾滋病患者达到了 75457 例。

健康状况的变化和疾病的发展传播速度是不一样的。对于通过空气和水传播的疾病，比如流感或者霍乱，其患病率在短期内飙升是一种正常现象。而某种被认为是遗传疾病的病症患病率迅速飙升，比如自闭症，则是不正常的。当看到后者发生时，我们有理由认为有些事情发生了变化，而且不是在朝好的方向变化。

通常遗传疾病的发病率是一代一代缓慢变化的。囊肿性纤维化或镰刀形红细胞贫血症这种疾病，是由于单个基因变异导致的，我们对其遗传模式已经了解得很清楚了：如果父母携带了这个基因并遗传给了孩子，孩子就会患病。美国每年新生儿中囊肿性纤维化的患病率为 1∶3700，许多年来都没有发生显著变化。与之类似，镰刀形红细胞贫血症也是遗传疾病。每 500 个非裔美国人中会有 1 人从父母那里遗传获得变异基因，我们能够预测镰刀形红细胞贫血症的发病率是规律的、稳定的。你不会因为与某人同居一室而被传染上这些疾病，只能是因遗传患病。如果你的亲生兄弟姐妹患有囊肿性纤维化或者镰刀形红细胞贫血症，那么你有 25% 的概率也会患此疾病。

亚洲、欧洲和北美的自闭症患病率为 1%，比较特殊的一点是，韩国的自闭症患病率是 2.6%。我们认为自闭症的病因中遗传因素占有较高的比重——直到现在自闭症都被认为是主要由遗传导致的疾病。许多自闭症病例中都有着明显的遗传影响因素。如果同卵双胞胎中有一人患有自闭症，那么另一人患病的概率约为 70%。自闭症儿童的亲兄弟姐妹只有 5% 的概率会患病，尽管他们分享了很多相同的父母基因和家庭环境。同时，与自闭症儿童基因无关的邻居家孩子的患病率只有 0.6%。尽管我们已经投入了几百万美元试图找到“自闭症基因”，但目前为止仍然希望渺茫。过去 10 年科学家甄别出来的几百个基因变异都不能解释当今的大多数病例。而在我们寻找自闭症基因的同时，大规模的流行趋势正蓄势待发。

2008 年，《死亡率和发病率周报》报告说，在不到 8 年的时间里，自闭症这种非传染性疾病的患病率增长了 78%，这引起了医学界人士的注意。到

2010 年，美国疾病控制预防中心（CDC）报告说，在短短两年间里自闭症患病率又增长了 30%。这本不应该是传统的遗传疾病发展变化的方式。自闭症的这一变化率太令人感到震惊和意外了，以至于许多医生的第一反应是否认，他们认为实际情况肯定没那么严重。许多人曾认为，产生这一变化的原因是我们对已经存在的患者进行了更好的诊断（或是过度诊断），一些人现在仍持有这样的观点。但随着病例越来越多，家庭、学区、医疗机构都屡屡出现儿童自闭症患者，越来越多的人意识到，一定是什么地方出了问题，但没人确切知道为什么。

我们知道的是，环境因素在影响越来越多的自闭症患者。2014 年 5 月进行的一项研究考察了 200 多万名儿童，其结果也显示了这一趋势。我们过去曾将自闭症 80% ～ 90% 的诱因归于遗传因素，而现在遗传因素还剩 50% 的预测效力。一种曾经在人们看来是由遗传因素导致的疾病，正迅速转变为一种可被环境诱发的疾病。现在自闭症儿童的兄弟姐妹患自闭症的概率是 12.5%，而不是 5%。

人类驱动进化的快节奏使得我们可能没有充足的时间来适应，并在新环境中达到稳定状态。自闭症或许就是我们正在飞速改变世界的一个先兆、一种表现。人类生活中的每个方面几乎都在改变——从乡村移居到城市；生活在清洁的环境中；吃着精加工的糖和脂肪；体验着人为制造的新异刺激；摄入大剂量的药物和化学制品；久坐不动；待在室内……有着这么多的转变，如果说我们的身体和大脑没有产生变化，那才更令人感到奇怪。

EVOLVING
OURSELVES

第 2 章

重写认知：达尔文进化论已不再适用

查尔斯·达尔文有着无畏的精神和正直的品格。他十几岁时的梦想是成为一名传教士，然而在成长过程中，达尔文在自然界观察到的种种现象都使他与自己的目标职业渐行渐远。除了祖父，他的家人大都反对他提出的进化论。妻子尤其担心他会遭到天谴而下地狱。达尔文自己内心也经历过激烈的挣扎和自我怀疑。他从最初开始生物方面的写作到之后的 1842 年间，从来没有用过“进化”这个词。

在几十年里，达尔文一直在积累例证，整理发现，与信仰斗争，他克制着自己，没有将那些发现和理论结集成书，尽管他搜集的大量证据都清晰地证明了生物体的进化本质。危机正在靠近。某天，达尔文收到了一封来自一位籍籍无名的标本收集者所写的信件，这人生活在偏远的地球另一端——现在的印度尼西亚。尽管阿尔弗雷德·华莱士当时正遭受着疟疾的折磨，他还是根据自己过去几十年在亚马孙、马来西亚和印度尼西亚的旅行生活，将观察到的现象整理成了一封信，信中详细描述的就是之后引发热烈反响的进化论。

华莱士不是一位绅士，在那个等级森严的时代，只有绅士才有资格成为科学家，获得机会进入博学之士云集的各种学会并发表论文。华莱士只能谦卑地询问达尔文，问他如何看待自己的观点和理论的价值，如果有价值的话，还想烦劳达尔文转呈出版发表。达尔文收到这封信后立刻意识到，这封信的内容就是对自己宏大理论的一个绝妙的简要概述。

达尔文本可以忽略这封信，去埋头处理日益严重的家庭危机，并立刻发表他已经独自研究了几十年的成果。毕竟这封信来自地球另一端一个不相熟的人，而那个年代沉船是时常发生的事，也有可能这人已经不在人世。达尔文已经在自己未发表的理论上进行了多年的研究和思考，他曾乘坐“贝格尔号”舰前往加拉帕戈斯群岛，并在之后一直继续着他的观察和收集工作，还细致地记录、完善和巩固着他的论证。经过一晚上痛苦的思想斗争，达尔文还是将这封信转递给了他的科学界同行，并建议尽快发表，将署名权完全归于华莱士。达尔文清楚地知道，这样做将很可能使自己作为进化论提出者的地位被人取代。

尽管达尔文有着高尚的人格，愿意成就华莱士在进化论研究中的原创权，他的朋友们却有着不同的想法。他们多年来一直与达尔文通信交流，很清楚达尔文正在完善的理论。最终，朋友们背着达尔文将一些他未发表的研究和华莱士的信件一并刊登在了同一期刊物上。

1858 年 7 月 1 日，在伦敦林奈学会上，一小群人以为他们是来参加一场追悼一位主席的乏味会议，而实际上他们第一次听到了进化论。几乎没有人意识到，他们刚刚见证了历史。华莱士那个时候仍在亚洲，几周后才得知自己的理论被发表了。达尔文也没有出席会议，他正沉浸在丧失幼子的痛苦之中。

尽管华莱士和达尔文提出了一套相似的进化理论，但他们对于进化驱动机制的观点是不同的。达尔文强调了个体的重要性，而华莱士则认为环境是驱动进化的主要因素。他们的研究综合在一起构建了我们所说的进化论的基石（如我们所知，达尔文进化论综合了很多人的研究成果，得到了许多人的补充、修改和提炼。例如，赫伯特·斯宾塞首先提出了“适者生存”的著名论断，成为我们所接受的达尔文进化论的重要组成部分）。

尽管达尔文和华莱士关于进化的绝大多数观点是正确的，他们仍在两个问题上存在困惑：适应发生的机制是什么，以及为什么化石记录似乎表明，进化的过程不是缓慢累积性的，而是迅速变异性的？可惜的是，他俩都不曾与第三位进化论的关键创始人兼推动者会面或通信。奥古斯丁修道院的传教士格雷戈尔·孟德尔太过谦逊，全身心地投入僧侣生活，无暇追逐名利，所以他那篇奠定现代遗传学基础，关于豌豆遗传的重要论文一直籍籍无名、无人知晓长达数十年（在今天，许多内敛谦逊、才华横溢的科学家的研究也经历着同样的命运）。

想象一下，如果孟德尔和达尔文通信交流过，在遗传学、基因和进化改变方面有过合作的话，那会是怎样的情形？基本遗传单位（后来被称作基因）的发现始于 1866 年的孟德尔，为达尔文的首个疑问提供了一个答案：遗传性状的传递规则。但即便不涉及现代遗传学，达尔文与华莱士也从根本上转变了我们对于生命及未来的看法。在整个 19 世纪早期，我们都以为地球只有一万年的历史，而没有进化、地壳板块或其他综合理论范式。只是在过去的两个世纪里，我们才认识到大陆和山脉在移动，一个物种从出现到消亡一直在变化。而一万年对于人类在这个星球上生息繁衍的历史来说不过是瞬息片刻。在达尔文去世时，科学家达成的共识是地球的历史有一亿年。而现在来自化学、地质学、生物学、天文学和解剖学的大量数据都证明，地球的历史长达 45.4 亿年。

达尔文与华莱士的进化论为我们理解生命形式及其发展成败和含糊之处提供了一个非常准确详细的框架体系。那么，为什么解释和理解日常发生在我们周边的一些变化，还需要一个修订扩展版的进化论呢？

首先，我们不可能忽视甚至低估人类在过去几个世纪里对这个星球所施加的影响。人类在遗传上选择了少数几种动物和农作物来满足自己的需求和欲望，这些物种占据了世界上一半的陆地，等同于有南美洲那么大的区域被用来耕种植物和养殖动物。还有 80 亿英亩[①]的土地供畜牧使用，有多达 190 亿只鸡和 14 亿头牛生活在高度城市化的环境中，我们称之为“农场”。尽管大多数人把这种环境称为乡村，但其动物养殖密集度远超最拥挤的都市。野生环境正在变成乡村、都市。在这些环境中决定生与死的不是自然选择，而是人类。对于某些物种的大多数个体而言，它们生存的逻辑是非自然选择，人类借由非自然选择手段“制造”的物种，正在有意识或无意识地主宰着这个星球。

其次，在达尔文与华莱士的进化论中，T 恤上印制描绘的进化方式根本不会发生：还记得那些卡通画吗？一个生物从一摊原始泥浆中匍匐而出，终于转化成一个小型哺乳动物，然后变成一只猿，变成一个佝偻着背的尼安德特人，最后变成一个英俊挺拔的人（还有的漫画会继续描绘这个过程，下一步是人蜕变成一个蜷缩在计算机前的废物）。这种进化描述否定了自然选择和随机变异，它所描绘的是从一个模式到下一个模式的线性、规律、符合逻辑的逐渐进化。而进化和自然选择的真实历史及化石记录看上去更像是一片错综复杂、杂乱交叠的灌木丛——一张令人瞠目的混乱杂交、趣味横生、纠缠混沌的生命之网。物种的进化树或许有一个主干，代表所有物种的共同祖先。除此之外，我们还能观察到太多太多的分支、变异形式、亚分类，以及新物种随着环境的变迁起起落落、兴盛衰亡。物种的进化没有整体的计划和逻辑，相反，我们的祖先是在掷骰子。有的后裔起初几近消亡，但最终胜出；剩余的大多数则不幸被淘汰。这个循环既不可预知也非预先安排。命运的骰子直到最近，一直都是不偏不倚的。

---

① 1 英亩约等于 4046.86 平方米。——编者注

1972 年，保罗·伯格（Paul Berg）开始在不同生命体之间组合编辑基因。由此形成的 DNA 不是源于生物学父母的交配行为或是一个已有子嗣的随机变异，而是一群穿白大褂的科学家刻意地将基因从一个生命体中提取出来，再将其注入另一个生命体当中。这不是自然在随机设计，而是人类在探索应用智能设计生命，这其中的逻辑与达尔文和华莱士的进化论完全相反。

随着我们不断简化和利用更强大的仪器来读取生命密码、注入或删减基因、改变物种，用合成生物学或不同于传统 DNA 的复合物来构建生命体，我们离达尔文的世界和他的进化及物种形成理论也越来越远了。

从某种意义上说，这个星球上的物种进化已经超越了临界点，转向了非自然选择和非随机变异，这甚至都不是真正的进化论 2.0 版，而是一种基于不同原则和机制的全新进化逻辑。这不再是单纯的自然进化，而是人类驱动的进化。

EVOLVING OURSELVES

第 3 章

重写其他物种：如何驯养出温和的狐狸

德米特里·别利亚耶夫（Dmitry Belyaev）被流放到了广袤无垠的西伯利亚，那里既没有实验室，也没有大学。作为一个骨子里流淌着实验主义血脉的科学家，他手头有什么资源，就会拿什么来做实验。最终，德米特里选择了饲养野生狐狸。他不是随意饲养，而是每一年都会根据温顺抑或暴戾的秉性来对每一只狐狸进行排序。只有那些在这些特质上趋于极端的狐狸才会被选来繁殖。1/5 最温顺的狐狸和 1/5 最暴戾的狐狸会被隔离开来，分别饲养，一代一代，循环往复。

那些温顺狐狸的后代很快进化出了耷拉的耳朵、短尾巴、浅色皮毛、不太刺鼻的体味和大脑袋——这很奇怪，因为最初选择那些温顺个体的依据是它们的行为特质，而不是外貌特质。一个可能的解释是，温顺个体的肾上腺激素水平较低，黑色素水平也较低，而这两者与皮毛的颜色相关。至少在狐狸身上，外表可以反映气质，像“耷拉耳朵的狐狸脾气好”这样的刻板印象或许有一定的遗传基础。

最终，德米特里的“去野性实验”非常成功地改变了一个野生物种，这些狐狸中的一小部分变得像拉布拉多犬一样，后来甚至被运到了美国销售，卖点是“温和的家庭宠物，特别适合陪伴孩子”。由此可以看出，我们可以通过人工选择快速增强或削弱物种的好斗性。

人类从一个“全天然”物种进化而来，如今，我们已经快速且大幅度地消除了自己身上的野性。这是一个巨大的变化。现在大多数人都居住在由钢筋水泥构造的都市环境中，这比以前人们生活的丛林、乡村都更干净、更明亮、更安全。现在我们会觉得水龙头里流出洁净的水，有马桶冲掉排泄物是一件很正常的事。但事实上，人类历史上 99% 的时间里这些条件都没能实现。我们现在已经适应了完全非自然的、由人工设计的环境，认为一切理所当然，是人们应该享有的“权利”。

我们的自我驯化速度很快，几乎是在十几代间完成的。我们过去并不会与数百万个同类聚集在一起，秩序井然，和平共处。在之前的环境中，距离睡觉的地方几十米之外就是野地，就可以采集到大多数食物。人类祖先部落的规模为 150 人左右。当个体数量大于这个数时，就会出现纷争，进而导致部落分裂。分离出的子部落会离开原居住地，去开拓一小片属于本部落的聚居地，开启一段狩猎采集的新篇章，当然也是一段由八卦构成的文化传播史。总而言之，生存远非“天赋人权”。

大约 7500 代之前，智人开始构建、创造甚至掠夺小型村落。我们所说的文明是伴随着农业的出现发展起来的，始于约 500 代之前。公元前 2000 年，世界人口总量只有几千万，而且绝大多数人都居住得非常分散。大型城市的萌芽出现于新月沃地、亚洲、北美洲，甚至欧洲，但城市并不多见。1300 年，英格兰约有 5% 的面积属于城市。在整个工业革命时期，乡村是普遍常态。即使到了 1910 年，仍只有 1/5 的人口居住在城市。而截至 2007 年，世界大多数人口都住在城市。也就是说，大规模的全球城市人口迁移只花了不到 100 年，或者说 5 代人的时间。从历史背景来看，从最早的古人类开始直立行走，到现在已经至少经过了 12.5 万代人。

城市化进程仍在加速。全球范围内，城市人口到 2030 年估计会再增加一倍。在未来 12 年内，一些国家打算将 2.5 亿人从乡村迁往城市。要容纳这些新的居民，需要建立的城市总面积等同于将几十个特大型城市加在一起。

曾几何时，非自然环境对人类而言是非常有益的。在驯化自己和周围环境时，我们也在一点点移除掉阻碍人类延长寿命的绊脚石。在人类的绝大部分历史中，大部分人的生命中都充斥着营养匮乏、疾病和暴力。人类生活的一个严重威胁是被“敌人”吃掉，各类捕食者不时出没。后来，我们消灭了这些大型食肉动物，改变了环境。现在，我们必须非常仔细地寻找，才可能发现这些一度很常见的巨型捕食者。灰熊在美国大多数地方已经不再构成威胁，剑齿虎也已成为化石。我们摆脱了食物链的束缚，大多数人会在自家床上或者医院里离世，而不是沦为另一个生物的果腹之物。我们还是有些担心鲨鱼，不过不幸的不是我们，而是鲨鱼，它们中的大多数被我们变成了鱼翅汤的原料或科教节目中的稀有研究对象。罕见的鲨鱼攻击会引发全球媒体的关注，每年野鹿撞上汽车导致的人员死亡数量是鲨鱼攻击致死人数的 11 倍。在大多数城市里，毒蛇则更为罕见，当然遇到蛇蝎政客的情况除外。尽管原始人式的饮食和生活方式渐成一种时尚，但理智的人仍会追问：“为什么有人会愿意回到洞穴人的时代？那时候可只有 10% 的人能活到 40 岁。”

到目前为止，最危险也最常见的“捕食者”仍旧是人类中的其他成员，平均而言，我们死于战争的可能性是死于鲨鱼攻击的概率的 11000 倍。尽管时有骚乱和喋血事件发生，但人类驯化自身的趋势仍广泛而深刻。总体而言，战争和暴力现象在各个地方都在逐渐减少。我们不会认为暴力致死是一种常态。确实，仍然有可怕的事件和血腥的区域冲突发生，但当今世界真的要比历史上的任何时期都更为和平，一个成年人一生中被要求上战场的概率是有史以来最低的。在“9·11”事件后，美国和大部分欧洲地区的恐怖主义事件罕有所闻。但这并不是说我们不容易被非理性恐惧、极度错判风险影响：从2007年到2012年，每年有约4.6个美国人在美国本土内死于恐怖袭击，而溺亡于自家浴缸的人数是前者的100倍。但美国每年在国土安全和防御恐怖袭击方面的开支是每位受害者4亿美元（按照某些标准讲，这种投入确实起到了一定的作用，但仍存有争议），而在每位癌症患者身上的支出是9000美元，在每位心脑血管疾病患者身上的支出是80美元，对于浴缸溺亡者则花费为零。

随着人类对自身的驯化，抢劫和谋杀犯罪率也在显著下降。1651年，托马斯·霍布斯（Thomas Hobbes）用“艰险”“野蛮粗俗”和“短暂”等词语来描写人的生命，那时有1/1000的欧洲人是谋杀罪行的受害者。与之相比，今天美国的谋杀率要低20%，10万人中约有不到5个人遭遇不幸。即使是哥伦比亚的麦德林，一个在20世纪80年代对于游客来说最危险的地方，现在也变成了相对和平、安全的一个城市。

我们在驯化自身的同时，也在驯化生活的环境。暴露于自然环境下曾经是一个主要致死原因。随后，我们发明了各种衣物和调节温度的方法，家和办公场所变得越来越舒适，我们对于环境已经不再那么担忧了。尽管人们仍在不断地点评和抱怨天气，但除了极少数罕见情况外，恶劣天气已经不会再对我们构成致命威胁了。社区工作人员清楚地知道未来几天会发生怎样的天气变化，也会采取相应的措施积极应对。龙卷风、飓风、洪水和干旱，甚至“末日暴风雪”都可以被提前预知，进而由媒体跟进报道。得到预先警告对我们来说已经习以为常，但在绝大部分人类历史中，天气都是自然选择最严酷且恒久不变的驱动力量。

除了极端天气外，或许我们看到的最大变化就是无处不在、影响广泛的温度变化。对于大多数陆生物种而言，应对极端温度和天气变化是日常生活的一部分。仅仅一个世纪的光景，我们本已适应气候波动的身体就适应了生活在恒定的环境中。我们待在有空调的大厦、居所、汽车和办公室里，在 20 ～ 24℃之间惬意地生活着，远离寒风凛冽、暴雪肆虐、大雨滂沱。这种生活方式完全是非自然和非正常的，而且着实令人感到舒坦。

对大多数国家的大多数人来说，获取食物不再是事关生死的问题，除非涉及过多的卡路里摄取。确实，仍有很多人食不果腹、缺乏营养，但饥饿已远不像从前那样泛滥。发展中国家营养摄入不足人口的比例从 1990 年的 24% 降到了 2010 年的 15%。仍有太多人处于饥饿状态，但在 1900 年，英国历史最为悠久的儿童医院中有接近 1/5 的婴儿死于营养不良和肠胃疾病。而现在这家医院中只有不到 1% 的婴儿死于食物匮乏。直到不久前，即使在发达国家中，寻找、收集和摄入足够的卡路里都是人们每天的首要事务。而现在饥荒已经不太常见，也远不像以前那样扮演大规模杀手的角色了。

在过去的几个世纪中，人类物种改变了足以促使其他物种快速进化的绝大部分因素。即使相对微小的环境改变也会导致植物、动物的极度多样化，但这种多样化往往发生在同一地理区域内。如果把野绵羊围进牧场，圈养几代，你会观察到绵羊的明显改变。如果把一种动物、植物或细菌物种从乡村环境迁移到城市环境中，在五代之后，可以预见该物种会发生极其迅速的基因变异或灭绝。一些鸽子物种，比如常见的广场鸽，从住在悬崖峭壁上、性格惊怯的鸟类，变成了盘踞特拉尔加广场和圣马可广场的高空俯冲式害禽。与此同时，数十亿计的旅鸽没有适应变化，一直保持着易于亲近的秉性而常被猎手捕杀，在短短一个世纪的时间内即从比比皆是落得销声匿迹。

达尔文明白人类驱动的非自然选择及其后果和未来，因为当时人们已经将其应用于动植物的驯化了，他称之为“人工选择”。通过研究观赏鸽的饲养，达尔文记录了物种的快速变化。有人甚至认为鸽子对于他的进化论比以他的名字命名的达尔文地雀更为重要，更令人信服。达尔文认为，如果人工饲养者能够将豢养环境中的单一物种操控改变到如此程度，那或许也可以操控改变野生的所有物种。达尔文只是没有沿着这个逻辑继续延伸，没有预见到我们不久后掌握的巨大力量，直至改变这个星球，改变所有其他物种，改变人类自身。否则的话，他也会将非自然选择视为进化的一种关键驱动力。

从人类的角度来看，如果我们日常生活中方方面面的巨大变化没有带来迅速的适应和最终的物种形成，那又会如何？今天的人们会与成百上千名同类交往、协作、竞争，而不是像以前的古人类一样只与几十名同类互动。如果我们没有驯化自身，没有减少暴力行为，没有对大多数儿童进行教育，全球的城市化进程将陷入《蝇王》（*Lord of the Flies*）和《疯狂的麦克斯》（*Mad Max*）中所描绘的暴力杀伐境地。你可能会认为我们现在习以为常的事情，比如寿命、智力和身高的显著增长趋势，好像是突然间发生的……其实不然，人们已经深刻地改变了周围环境，使其变得不再自然、不再随机。我们已经彻底地驯化了自己，就像驯化猫和狗一样，而这带来了重大的进化后果。

EVOLVING OURSELVES

第 4 章

重写文化：我们如何变得不再崇尚暴力

人类历史中一个最积极正面的发展趋势是各种暴力行为的持续减少。由于每天新闻报道中出现的骚乱、犯罪等负面事件，这个趋势很难被看到，但世界大体上远比过去更为和平安定，当然也有个别明显的例外。意大利的谋杀案已经从 1450 年的每 10 万人 73 起稳定地下降到了 2010 年的每 10 万人 2 起。这一趋势在世界各国都已显示出来。暴力在绝大多数人类社会中曾经是核心且恒久难变的组成部分，而我们现在通过非自然的方式（愉快地）把它剔除出去了。欧洲在过去 32 个世纪里曾经是这个星球上最狂热于战争的地域，而现在大多数欧洲国家已经放弃了在大规模军备物资上的投入。

我们现在正处在非暴力的流行趋势中，其效果就是把自然选择最有力的一个利器束之高阁。随着和平与繁荣的扩散，人权与女性权利越来越受到重视，我们死于暴力的概率日渐降低，而传播基因的机会则骤然飙升。以美国为例，如果梳理一下人们在儿童和青少年时期可能遭受的 50 种暴力，没有一种在 2003 年到 2011 年是上升的。

我们还能够选择比以前更为多样化的伴侣，人们对跨种族婚姻和不同宗教信仰的人通婚越来越宽容。这确实是一个新近才出现的现象，在 1967 年 6 月 12 日前，美国有 17 个州仍认定与不同种族的人结婚是违法的。

直至 1991 年，大多数美国人才开始接受跨种族婚姻。种族只是众多真爱壁垒中的一种。即使是在 2010 年前后，美国仍有超过 86% 的婚姻及其他亲密关系的双方都具有相同的信仰。

年轻人和受过教育的人对他人越来越开放、越来越接纳是大势所趋。大量的跨国旅行和学习项目、潮水般弥漫的社交媒体提供了无数的机会让我们能够与更多的人交往，这是我们的祖先做梦也想不到的。多元文化会带来很多收益，同时也会产生损失。例如，20 世纪初，大约有一半的美国人是蓝色眼睛。到 20 世纪 50 年代，只有 1/3 的美国人拥有蓝色眼睛。到 20 世纪末的时候，这个比例不足 1/6，蓝色眼睛成了由隐性基因决定的性状。以前有 80% 的人会与本种族的人通婚，而现在人们的婚姻主要取决于他们在哪里求学，接受了多少年教育。或许有一天人们会说："很久很久以前，曾经有人长着蓝色的眼睛。"

在我们驯化自己和自身行为的过程中，蓝色眼睛并不是我们丧失的唯一特质。在不断扩张的城市中被挤成沙丁鱼时，我们有必要问一问自己：人类是愿意在化学意义上驯化自己还是愿意让自己保留原生状态？事实上，我们在这两个方向上都能够改变趋势。想让男性变得更具男性气概吗？有调查显示，从 2000 年到 2011 年，被调查的 41 个国家中有 37 个国家的睾丸素月销量都在不断上涨。而沃尔玛超市售卖的睾酮助生素售价 8.98 美元。从理论上说，睾丸素会对身体起到很多积极作用——肌肉更多、性欲更高、更有自信心，或许还有……侵略性更强。为什么有人会情绪失控、大发雷霆或咬掉自己的一小块舌头，困惑的科学家对其的解释是，“造成这种现象的原因是多方面的”。从根本上说，我们很难弄清楚其中的因果关系，因为涉及太多的变量：诱发暴怒的究竟是睾丸素、类固醇、酗酒，还是一首忧伤的乡村歌曲？可以确定的是，使用某种化学物质与暴力行为增多是相关的。在瑞典，警方监禁罪犯时会化验他们的尿样，33.5% 的罪犯尿样在类固醇检查中呈阳性。

在绝大部分人类历史当中，由于饥荒、瘟疫或战争等原因引发的大规模人口更迭，客观上也可以看作自然选择的某种作用方式。虽然丑陋而且冷酷，但这些事件客观上也在驱动着许多封闭和孤立社群中的人类基因多样化。基因组精确地记录着谁和谁在什么时候发生了性关系，以及人类祖先的迁移历史。随着基因测序的成本越来越低廉，我们可以更清晰详细地看到人们的基因组成，分析出他们的祖先来自哪个国家、地区和部落。例如，当代玛雅人的遗传基因一般混合了哥伦比亚人、皮马印第安人、亚马孙卡利吉亚纳人、西班牙人、亚马孙苏鲁人、乌兹别克人、爱尔兰人、日本人和非洲约鲁巴人的基因。这种追溯甚至可以具体到某个人：1998 年，尤金·福斯特（Eugene Foster）博士做了一件事，让美国南方的名门望族们，甚至可能还包括美国革命女儿会（Daughters of the American Revolution）的成员们非常难堪：他追溯了托马斯·杰斐逊及其黑奴莎莉·海明斯（Sally Hemings）的后裔并进行 DNA 分析，证实他们有几个共同的孩子。

在奴隶社会，尤其是航海开拓时期和征服新大陆时期，种族的混杂繁衍并不少见。而在当下的和平时期，少数人类种群为了保存其传统而选择隔绝孤立会怎么样呢？在阿拉伯半岛附近区域，当地人的传统要求女性在选择丈夫时不得偏离大家庭的圈子，要确保其家族的荣耀，结果导致了大量的近亲通婚。研究估计，埃及人的同源血亲率约为 20% ～ 42%，而其他的阿拉伯国家和地区同源血亲率甚至高达 60%。

历史上，人们大多居住在孤立隔绝的部落和封闭的乡村环境中。在阿拉伯半岛的大部分历史中，人们只能选择近亲通婚，这种现象非常普遍。许多这种紧密的家庭群落会周期性地被外来者和入侵者打破，但这个地区在过去一个世纪的大多数时间里都维持着相对和平的环境。稳定和极端的文化限制或许会强化影响种群遗传构成的三个趋势。第一个趋势是，如果一个种群中的个体持续只与第一代、第二代姑表亲或姨表亲通婚，而很少与外来者结亲，这个种群的遗传变异就会越来越少。一旦有一个坏的基因进入繁殖基因库，他们就要花更长时间才能把它剔除出去。反之亦然，一个罕见的有益变异在近亲繁殖的小规模种群中会得到更快的复制传播，从而提高整个群体生存繁衍的概率。

一个种群中缺乏暴力、混乱和破坏性力量，再加上现代医疗保健体系的普及，带来的第二个趋势是，许多有先天性缺陷的儿童在严酷的游牧条件下无法幸存，现在则能够生存下来并生育自己的孩子。基于人道的选择和政策，本会被自然选择淘汰剔除的特质现在得到了强化并得以传播下去。

第三个趋势是，许多人成功地变得更加富有了。在家庭或家族范围内继续保持财富增长和地位，这个诱惑会进一步强化部落中不与外族人通婚的限制，更不要说与一个普通人或外国人结婚了。

高同源血亲率成倍地提高了新生儿具有先天性缺陷的风险。最近几年，8% 的沙特阿拉伯新生儿有严重的遗传缺陷，大约是欧洲国家新生儿先天缺陷率的 3 倍。Ⅱ型糖尿病的成人患病率是 32%，高血压患病率是 33%。在阿联酋，先天性畸形是新生儿死亡率高达 40.3% 的主要原因。在卡塔尔，高同源血亲率导致了罕见遗传疾病的高发病率，同时也提升了“癌症、心理障碍、心脏病、消化系统疾病、高血压和听力障碍等常见成人疾病的发病率”。

即使是极度罕见的遗传缺陷也可以在不受干扰的特定社会亚群体中迅速传播，典型案例是 19 世纪和 20 世纪折磨欧洲皇室家族的顽症。一个例子是，当维多利亚女王把血友病遗传给她的女儿、儿子，还有西班牙、德国和俄罗斯的皇室家族后，血友病获得了“王室病”的称号。另一个极端例子是发生在哈布斯堡皇室家族成员之间长达 6 个世纪的近亲通婚造成了“哈布斯堡唇”——严重的唇形畸变使得患者无法咀嚼食物。这种遗传畸变现在在原哈布斯堡王朝下辖的各个国家都有发生。因此，当我们在以非暴力的形式设计大规模积极改变的时候，或许也应当重新考虑文化及长期保持的传统的影响。

EVOLVING
OURSELVES

第 5 章

重写免疫系统：为什么越来越多的人对日常食物过敏

在你最珍贵的回忆中，是不是有些是关于食物的？妈妈在厨房哼着曲子，准备着你爱吃的东西：酥饼、面包、布丁、蛋糕或者烤肉。你躲在门背后或楼梯间，探头探脑地偷窥着大人们的晚餐聚会，只是想瞥一眼客人里都有谁，偷听几句他们的只言片语。你听到了很多，也学到了很多：穿着、言谈、喝酒或抽烟，还有挥之不去的煮咖啡的香气。但你能回想起你爷爷、奶奶、爸爸、妈妈在问每一位客人他们是否会对某种食物过敏吗？

在一次著名科学家的聚会上，当胡安问大家是否对什么食物过敏时，其中一位客人回答说："我从不在别人家吃饭，因为我几乎对所有东西都过敏。我能吃的食物只有牛肉或鸡肉，用炖锅煮透，不加黄油、植物油、胡椒或其他调味料，外加一两杯水就行。"

与食物过敏有关的就诊患者数在 1998 年到 2006 年间翻了 3 倍。有 1700

多万美国人都会食物过敏。主人向每一位客人询问过敏情况不仅是出于礼貌，更是因为恐惧过敏导致的严重后果。所有的餐馆、学校食堂、街头商贩都要考虑到这方面的问题。报告有食物过敏症的儿童从 1997—1999 年的 3.4% 上升到了 2009—2011 年的 5.1%，10 年间增长了 50%。现在有 1/10 的学龄前儿童至少对一种东西过敏。过敏症患病率的大幅增加，再加上对诉讼官司的恐惧，令唐恩都乐（Dunkin' Donuts）打出了这样的广告语："尊敬的顾客，如果我们的任何产品包含有过敏原，烦请您悉数告知。"

直接诱发所有这些过敏症的可能是全新的化学物质、食物着色剂或防腐剂，但主要原因并不是这些人工增味剂和添加剂。最吊诡的是，七种我们吃了几千年的常见食物造成了大多数人的食物过敏：牛奶、鸡蛋、坚果、鱼肉、贝类、大豆和谷物。说到坚果，一项调查显示，成人坚果过敏的发病率在 1997 年到 2008 年间基本没有变化。但 18 岁以下的少年儿童的过敏症增长了 3.5 倍，占总群体的比例从 0.6% 上升到了 2.1%。为什么只经过一两代的时间孩子们就开始对已经出现这么久的食物过敏了呢？只是因为孩子表现夸张吗？难道荨麻疹、瘙痒、呼吸困难都是我们臆想出来的吗？难道是我们对过敏症过度诊断，就像有人说我们对自闭症和多动症过度诊断一样？又或者这种"新常态"是不是昭示了一种更为深刻的东西？

许多优秀的科学家在穷其脑力想弄清楚过敏症患病率攀升这个难题。在当今大量的备选因果假说当中，一个最流行的解释是卫生保健假说。支持这种观点的人认为，我们非自然地设计并驯化了周遭环境，以至于这种环境过于洁净、安全、孤立。这个假说的支持者指出，在可以接触动物、泥土和微生物的农场长大的孩子很少得过敏症。而在收入较高的家庭中长大的孩子比穷人家的孩子更容易患食物和呼吸道过敏症。

卫生保健假说的总体解释是：我们的免疫系统经过几千年的发展，适应了在泥土地上吃生肉的生活，而在现在这种过度清洁、擦拭、消毒、去细菌化处理的环境中，免疫系统须应对的外来异物越来越少。在这种情况下，我们自体的防御机制会对很小的外来干扰做出过度敏感反应。这种解释合乎情理。在缅怀追忆过去的美好时光之前，我们还应当记得自己来自哪里，是什么催生了这种新的身体状态……

人类物种在进化中适应了吃生肉、喝脏水以及吃未经清洗、烹饪的野草、野果。即使在今天，坦桑尼亚哈扎部落的人们捕获黑斑羚后，还是会掏出动物的内脏，用动物胃中的草来“洗”手，然后邀请客人加入他们的盛宴，“将动物的胃切成块扔进嘴里大嚼，就像嚼爆米花一样”。在许多国家旅行时，我们常会看到当地的女性从严重污染的小河里取水，还有儿童在混杂着动物排泄物的池塘里洗澡。人类与很多泥土和微生物共生一直以来都是很自然的，当然也是很危险的，现在来说情况仍然如此。

许多人渴望回归以前那个完全“全天然”的食物系统，他们很可能忘了“有机”并不一定意味着安全。在绝大多数历史中，死亡都是由“天然”食物和未经加工的水造成的，在一部分发展中国家情况仍是这样。每年全世界有近190万5岁以下的儿童死于腹泻，占所有儿童死亡总数的19%。联合国的数据显示，死于饮用污水的人数要比死于所有战争中的人数还要多。直到最近，地球上的大多数人才摆脱了极度贫穷，获得了洁净的饮用水，用上了污水排放系统、真空包装、防腐处理设备，可以获取更安全的食物。非自然的消毒剂、去污用品、肥皂、杀菌剂以及氯化处理挽救了几十亿人的生命。

我们或许有些矫枉过正了。一些变革令我们的生活变得更洁净、更安全、更舒适，提升了人类物种生存的概率，但也带来了一些意料之外的后果，所以我们越来越多地打喷嚏、搔痒、呼哧带喘。幸运的是，我们找到了另一种非自然的、有效的解决方法——服用西替利嗪、开瑞坦、苯海拉明及其他各种抗组胺类药物。在寻求药物支持的时候，我们最好再想一想最新的过敏理论：过敏是因为我们消灭了一部分与人类共生的微生物。

EVOLVING
OURSELVES

第 6 章

重写世界：非天然的“全天然”世界

我们今天吃的很多东西并不能称为是全天然的。如果吃什么就会成为什么的话，我们早就成为另一个物种了。事实是，我们吃了几十万年“全天然”食物的身体，现在不得不去快速适应一波接一波的玉米脆片和比萨。

牙菌斑提供了一扇很小的窗户，让我们可以看到大规模的进化剧变。去看过牙医的人都知道，去除牙菌斑很困难。牙菌斑对你而言很糟糕，但对科学研究来说是件好事。牙菌斑的顽固特性使得它帮助生物人类学家储存了大量的数据。饮食结构会影响牙菌斑，通过比较古代人和现代人的牙齿，科学家可以推断出我们吃了什么东西，哪种微生物生活在我们口腔里。在没有奶油蛋糕的年代，早期人类和人类的近亲都有一口健康的牙齿，而没有尼安德特人式的龋齿。旧石器时代和中石器时代的人类头骨中几乎没有龋齿。

随着人类饮食结构变得现代化，随着我们开始清洗和烹煮越来越多的日常食物，奇怪的事情发生了：我们口腔中的细菌群落变得没那么多样化了。7000年前的狩猎采集者的口腔比石器时代、农业时代的人的口腔有着更丰富多样的微生物。与人类的身体共同存在、共同进化、共同适应的细菌被排挤出了新环境，我们的口腔被更难对付的细菌占领了。现代人会大量摄入精加工的糖，这使得口腔内的细菌种群繁衍壮大，龋齿发病率飙升。随后，人类开始遭受慢性口腔疾病的折磨，在没有抗生素、牙刷、牙医的时代，这是最令人困扰的，有时甚至是致命的。

现在我们在做的一些事情，在自视颇高的尼安德特人看来简直是不可思议的：每天刷三次牙、用牙线、在饮水中加少量氟、补牙洞、安假牙。而这些事情对于任何野生动物来说都远非寻常，甚至根本没必要。

饮食结构的改变带来的问题不只表现在口腔方面。9—11 世纪的男性平均身高只比现代男性的平均身高稍低一些。进入中世纪，启蒙运动和工业革命时期的更迭动荡让人们的生活变得更加艰难。疾病、战争、农奴制和脏乱的城市改变了人类的身材形态。18 世纪，北欧人的平均身高要比以前矮 6.35 厘米，直到 20 世纪才恢复到原来的水平。

进化的饮食结构还在其他方面重新设计了我们的身体。美国男性的平均体重从 1962 年的 75.3 千克增长到了 2002 年的 86.64 千克。到 2011 年，他们的平均体重又增加了 2.27 千克。如果观察到某个野生物种的身体发生如此明显的转变，我们定会惊诧不已。达尔文和他的理论本可以预测到这种变化，他在驯养动物的研究中确实发现了端倪，知道了物种在人工养育情况下是如何快速改变和适应的。所以当他看到路边一群手握着超大杯软饮料的现代人臃肿的体形时，应该不会感到特别惊讶。

在改变欲望和饮食结构的同时，我们不仅改变了自己的身体，也引导着自然界的大范围进化。究竟什么是真正的“全天然”食品？当被问到炸薯条的原料——土豆的起源地时，很多孩子可能会脱口而出说爱尔兰或爱达荷州。但这两者都不对，正确答案是古老的印加帝国。

我们探究人类食物的进化有着充分的理由而且不乏先例。蒂瓦纳科时代只有大约 200 个全天然土豆种类，其中一些还是有毒的。土豆与有剧毒的龙葵类植物是有关联的，印第安人会把土豆块茎浸泡在泥浆里面，黏土会糊在土豆上吸收有毒的龙葵素和番茄素。前印加时代，食物非常稀缺，人们需要冒险去吃可能有毒的食物，实在是很少有庄稼可以在陡峭的台地山坡生长，而能够幸免于热带、亚热带昆虫的侵害且能吃的植物更是少之又少。

秘鲁人的祖先逐渐学会了如何挑选、清洁土豆，并加工成可吃、无毒的食物，还学会了如何栽培土豆以满足日常所需。等到西班牙人来大肆掳掠屠杀的时候，原来的 200 多种全天然土豆已经扩展增加到了 3000 多种。现在在库斯科仍然能找到很多种土豆，那里的自由市场里随处可见各种各样的土豆供你选购品尝，亮黄色的、深红色的、紫色的、粉色的、亮白色的、干燥处理后的、富含淀粉的、富含纤维的……和你一般会在西方国家超市里看到的那些脏兮兮的棕黄色土豆相比有着天壤之别。

那么欧洲的土豆种植方式是天然的吗？那些土豆并不是土生土长的物种，但在供养当地人中发挥了很大作用。多亏了来自印加的土豆，爱尔兰人和德国人才能在长达几个世纪的时间里免于饥荒。但后来他们把印加人栽培的丰富土豆种类精减到了少数几种——这种代价高昂的错误被称为单一栽培。因为采用单一栽培，发展到最后主要依赖爱尔兰白土豆，一次枯萎病就足以摧毁大多数植物和大多数人，这正是爱尔兰大饥荒时期发生的情况。爱尔兰白土豆缺乏对疾病的抵抗力，缺乏替代品种，使得爱尔兰丧失了近 1/4 的人口：100 万人饿死，近 100 万人移民国外。如果在今天的美国发生一场相同程度的灾难，这相当于造成 8000 万人死亡或迁徙。我们并没有完全吸取这个教训……你要是没看奶牛繁殖协会的公告的话，可能不知道现在荷斯坦奶牛、泽西奶牛和瑞士褐牛的近亲繁殖率前所未有地高。佛罗里达橘的种植者也尝到了单一栽培的苦果，他们的作物曾遭到柑橘瘟疫的侵袭，大范围枯萎，损失惨重。

如果有人去声称贩卖“全天然、有机”食品的农贸市场上寻找完全天然的食物品种，其结果会令人莞尔甚至感到讽刺。那些颜色斑斓、形状各异、大小不一的番茄一定是“全天然的”吗？不一定。西红柿曾经很小，而且是绿色的，有些还有毒。夏天一到，农民们就会骄傲地夸耀他们的西红柿有各种各样的形状、颜色和味道。但这个过程是人工驱动的，不是自然选择在起作用。这种人工选择会带来一些好的样本，同时也会产生一些糟糕的选择。你在超市买到的那种红得鲜艳却食之无味的西红柿，是因为它缺少 SIGLK2，这是让西红柿产生自然甜味的基因开关。在大多数商业化的西红柿品种中，这个基因被关闭了，目的是使其产生亮红色的诱人外观。

尽管我们在讨论“全天然”植物的主题，但你会送给爱人一束真正的野花吗？我想你会更倾向于送那些鲜艳多姿、香气扑鼻、全新培育、持久盛开、非自然设计的鲜花来取悦你的爱慕对象。我们继续在“有机”市场里闲逛，那些手工奶酪怎么样？难道这些也是长达几个世纪的人为选择的结果吗？要回答这些问题，你可以回忆一下，你在森林里发现过“野生奶酪”吗？实际上，连产出奶酪原料的动物都是非天然的。你要真的想找一块全天然的布里干酪或卡蒙贝尔奶酪，它可能是用欧洲野牛的奶做的，不过最后一头欧洲野牛早在 17 世纪初就死在波兰了。那些漂亮的“绵羊奶”奶酪是天然的吗？不一定，除非你能确定它们来自欧洲盘羊或者产自苏格兰奥克尼郡，因为现在驯养的所有绵羊品种都是人类驱动的非自然选择的产物。我们扩散传播了几百种有用的外来物种样本，否则欧洲就不会有玉米，美洲就不会有马。单英国境内就有 1800 种外来植物品种，这些品种为“全天然”食品市场提供了大量原料。

许多外来物种和当地物种杂交，极大地丰富了物种的品类和数量。我们在不断修改、栽培、塑造、扭曲着“全天然”植物以适应自己的口味和目的，结果都忘了这些动物和植物已经进化成完全非天然的物种了，而我们还想当然地认为它们没有变。用生态学家克里斯·托马斯（Chris Thomas）的话说，“没有什么东西是全天然的了”。

我们的生态设计和干预也导致了全世界海洋中的非自然选择。你在地中海、西班牙、法国、意大利海岸沿线以及希腊的岛屿潜过水吗？这些地方有着湛蓝的海水、漂亮的岩石，美中不足的是海中没有鱼、珊瑚或者其他什么活物。即使有会动的活物，体形也非常小。人类捕猎海产品的范围、幅度及其破坏效应简直令人瞠目，大规模的鱼类种群灭绝已成既定事实。

如果你 1 月在加州蒙特雷潜泳的话，会感受到那儿的海水清澈寒冷，美得让人心醉。海带丛林飘来摆去，海豹游弋其中。幸运的话，你还可以抓到一只章鱼，或者看到鸟从空中笔直地冲入水中捕鱼。无数的海星和海葵对着大鱼摇摆，其中没有任何沙丁鱼饵球。之所以会这样，是因为这个区域是这个星球上保护最早也最好的一片生态海岸线。如果你知道这个地方曾被称为“世界沙丁鱼之都”，你可能会期望在这里看到很多沙丁鱼。这里激发约翰·斯坦贝克（John Steinbeck）创作了小说《罐头厂街》（*Cannery Row*）。这个城镇进行了大量的复古重建和旅游开发，只留有些破旧的码头，允许少量捕鱼作业，但几乎没有任何沙丁鱼。

在蒙特雷海岸和地中海发挥作用的是两种平行的进化系统。第一种是自然选择主导的，人类作为捕食者会大量捕捉猎物，在这个例子中是鱼。第二种是人类驱动的，人类根据已有的认识来重新设计生态系统，尽管这时要保留和保护这个生态系统已经有些晚了。如果物种的种群规模足够大，能够对付得了，第一种进化系统就是正常自然的。而许多物种从濒危状态恢复过来，不是因为它们适应得好或采取了适当的策略，而是因为人类的意愿，是因为我们觉得这些物种可爱，或者它们在人类世界有了明星代言人。

人类主导的生态设计和非自然选择还可能带来非常快的进化。为了阻止大型作业船只刨挖疏浚水底杀死所有生物，或者在网捕作业中不加区分，许多国家规定了捕鱼工具的最小尺寸限制，以让生物完成繁殖后，再去捕获它们。想法不错，但以这种整齐划一的方式来驱动进化，只需经过几代之后，最成功的生存和繁衍者就成了小尺寸的物种。随着这些物种生存繁殖得越来越多，侏儒鱼变成了常态物种。这种改变不仅会影响特定半保护物种的生态环境，而且还改变了其捕食者、共生者和同一区域内的生物的生态环境。

人类强大的统治力使我们将非自然选择和快速繁殖推进到了一些常理看来不太可能的环境中。如果你驾船经过寒冷雾气弥漫的缅因州岛屿时，除了要应对浓雾、暗礁和大潮外，还得小心数量众多、颜色鲜艳的龙虾浮标。这些浮标的数量每年都在增加。人们可能会以为这样会剩不下几只龙虾，结果却恰恰相反，过去几年的龙虾捕捞量增加了 80%，价格还下降了一半。全球变暖、捕捞网中的丰富食物、尺寸限制、鳕鱼和其他食虾鱼类数量的减少，以及渔业管理举措等多方面因素加在一起造成了龙虾的数量剧增。

在考察物种灭绝的模式时，我们也可以发现这个世界早已变得不再天然了，而人类驱动的进化正变得越来越重要。人类在“消灭”物种方面确实有一手。在到达澳大利亚几千年内，我们就杀光了这里所有体重超过 100 千克的陆生动物、爬行动物和鸟类，55 个物种被一扫而空。现在的物种灭绝率估计为正常灭绝率（每年 1/5 个物种）的 1000 ～ 10000 倍。甚至连以达尔文的名字命名的可怜青蛙也消失了。但同样，尽管人类行为使许多物种都消失了，我们也创造、驱动和催生了许多新物种来满足人们对食物、审美和伙伴关系的极度渴求，这些物种的数量之多前所未有。

10 年前，一些科学家预测会有 1/3 ～ 1/2 的陆地动物因人类活动导致的气候变化而灭绝。现在，这些科学家中的一些人证实并记录了大量的新生物种进入并填补消失物种所留下的生态位空缺。由此可知，尽管我们处在一场大灭绝的阵痛当中，但人工设计和偶发事件也同时带来了各个物种和混合物种的井喷式增长。加州大学的迈德苏丹·卡蒂（Madhusudan Katti）记录了城市扩张导致的本地物种灭绝现象，同时他也发现在新城市环境中一些物种会快速适应并兴盛繁殖：已知有近 1/5 的鸟类物种现在都生活在城市环境中。许多鸟发展出了不同的鸣叫声来应对城市的背景噪声，比如旧金山的白冠麻雀现在的鸣叫声就比以前大许多。一些候鸟的迁徙模式也发生了变化。欧洲黑顶莺鸟现在只待在南英格兰，而不会一直飞到非洲。随着行为模式的改变，在户外咖啡馆里可以获得的食物导致一些鸟类的进食习惯、体重和外观也发生了变化。哺乳动物也在适应，埃米尔·斯内尔－鲁德（Emilie Snell-Rood）博士和娜奥米·威克（Naomi Wick）博士选取了 10 种哺乳动物的头盖骨，仔细观测了生活在乡村和生活在明尼阿波利斯及圣保罗的动物在脑容量上的差别。两个城市物种白足鼠和草原田鼠的繁殖周期都较短，它们的脑容量比乡村的类似鼠类都更大。显然，至少对于小型哺乳动物而言，要想在城市生存，它们需要更大的脑子、更好的肠胃和更老道的街头智慧。

来看看狗吧。狗越接近郊狼或狼，它就越“天然”。令人感到好奇的是，人类饲养的犬类中最接近狼的一种动物是阿富汗宠物犬。这些体形硕大、体格精瘦、毛发蓬松、精力充沛的动物最初是被驯养来猎捕老虎的，现在则每天会被梳妆打扮、悉心照料，用于带到曼哈顿去遛弯炫耀。我们精心培养出一系列时髦的品种，用来满足人类的种种需求和目的。狗的遗传学改造已成为一个新兴产业，规模巨大。我们买宠物犬多是为了特定的目的：狩猎，自卫，装在名贵的包里让自己和宠物显得可爱，让我们看上去显得更具男性气概。顾客的需求就是一切。人工改造宠物犬一般采用的是再交配的方式，这样一来符合需求的性状会很快地得到强化和再肯定。而我们不满意的杂交宠物犬很少能够回归野生环境，生存和兴盛繁衍的概率就更不用提了，它们要么会逐渐消亡，成为混合品种，要么在收容所里被执行安乐死。我们喜欢和想要的往往是完全非天然的，如果在非洲平原上放生十几条吉娃娃或拉萨犬任其自由发展，想必最多只有一两只能活下来。读到这里，你还觉得今天的狗一般都是自然进化而来的吗?

当我们设计打扮一代代小狗的时候，有时会发现一些过度设计、近亲交配和单一品种繁殖造成的负面效果。有的杜宾犬会不停地舔自己的侧腹，直到舔出血。许多斗牛犬会不停地追逐自己的尾巴，这可能是因为 CDH2 基因的功能异常所致（对此特质的研究或许有助于揭示人类强迫症的诱因）。我们仍在不断调整交配驯养技术，包括追踪基因，目的是完善或者创造出一种更可爱的拉布拉多犬。人类驱动的狗的进化揭示了现代进化的两种核心驱动力：非自然选择和非随机变异。人类最好的朋友反映了我们在遗传上的奇思妙想和欲望。我们改变的不仅是狗，也不只是蔬菜、农场和宠物，还在根本上改变着人类物种本身。

EVOLVING
OURSELVES

第 7 章

重写身体：肥胖的人与宠物

有谣言说肥胖是接下来的又一个大趋势，或许你上一次乘飞机坐在中间座位时已经认真思考过这个问题了。确实有一些人变得胖了一点，而且发展很快。全球范围内，肥胖症患病率从 1980 年到 2014 年几乎翻了一倍。现在每三个美国人中就有一个属于临床诊断上的肥胖症患者（诊断标准是 BMI 指数大于 30）。

我们见证了一个历史性的转折点：肥胖致人死亡的数目超过了营养不足致人死亡的数目。发展中国家过度肥胖的人数超过了发达国家的肥胖人数，现在墨西哥总人口中肥胖人数所占的比例越来越大，甚至超过了美国的肥胖人口比例。一个简单干脆的解释是直接归咎于超大份软饮料和快餐食品。这当然是其中的罪魁祸首，影剧院里的一杯饮料等价于一杯水里面溶解了 27 块方糖，但改变的并不只有食物。

运动量太少也是肥胖的一大诱因。用机器来替代人力劳动的趋势自打有了水车以来已经很久了，而工业革命又加速了这个过程，到了 20 世纪后半叶，机器取代人力做功成为主流。

1960 年，美国至少有一半的私有企业的工作需要借助中等的体力活动来完成。到 2010 年，只有不到 1/5 的工作需要耗费体力。很少有人需要借助骡子来工作，绝大多数人的生活也不像一个世纪之前的人类祖先那样，受肌肉力量所限。在日常需要体力工作的农村地区，人们采用拖拉机、联合收割机、割草机、皮卡车等机械装置来完成之前需要靠体力劳动完成的工作，这导致了肥胖的农民比起城市居民来说有过之而无不及。比起祖父辈，美国男性平均每天在工作时间内要少燃烧 142 卡路里的热量。仅这个因素就可以解释为什么今天成年男性的体重与 1960 年的成年男性相比上升了 16%。

在过去的几十年间，人类一直在进行一场大规模的实验：当平均体重大幅增加时，人的身体会受到什么样的影响——这个趋势可能导致长期的进化后果。肥胖的母亲一般会生下肥胖的婴儿。年纪大的母亲一般也会生出肥胖的婴儿，母亲的年龄每增长 5 岁，新生儿肥胖的概率就增加 14%。一些医学研究发现，现在的新生儿肥胖率达到了 16%。而如果婴儿生下来就肥胖，或者一个人在儿童发育早期体重超重，成年后就更加容易患肥胖症，他们患其他慢性疾病的概率也比体重正常的人要高很多。而这些人生出的婴儿也更容易肥胖。

几千年来，胖嘟嘟的婴儿一直是个积极信号，但物极必反。一项对 28 个国家 250 万儿童进行的研究记录了他们跑 1 英里（1.61 千米）路所花的时间。比起父辈，这些儿童的平均速度慢了 90 秒。每 10 年，全世界人民的平均身体健康状况就下降 5%。毫无疑问，这是因为我们吃得太多，运动得太少。除此之外，还会不会有其他的人为因素和环境因素也导致了极度肥胖这种流行病呢?

有一条线索隐藏在最近的保险理赔当中——针对猫和狗的理赔。2007 年，保险公司与肥胖有关的卫生保健理赔上升了 19%。6 年之后，超重狗的比例上升了 37%。那超重的猫呢？ 7 年上升了 90% 多。这些动物的饮食和人类不同，它们不吃快餐食品、不喝软饮料。许多宠物的饮食参照的都是严格设定的、标准化的食谱。那为什么它们的肥胖增长率也这么快呢？是因为我们过于娇惯它们，给它们喂得太多了吗？如果是这样的话，为什么一项涉及范围颇广的动物肥胖研究表明，12 个品种的猫狗中，无论性别、品种和生活区域，都无一例外变得更胖了呢？

人们可能会认为这是因为城市里的野猫总是在垃圾里寻找快餐食品和甜饮料，所以长得很像猪小弟。但为什么实验室里的大鼠、小鼠也会肥胖呢？科学研究的一个核心规则是减少变量，尽可能将各种因素标准化以便准确地比较结果。如果实验室动物的喂养状况一直是稳定不变的，为什么实验室里雄恒河猴肥胖的概率从 1971 年到 2006 年上升了 86%，而实验室雌恒河猴的肥胖率上升了 144%？

如果人们只是简单地认为，这些研究发现是实验室食物和操作程序变化带来的结果，那为什么牧场放养的马的肥胖指数也增长了 19%？是因为牧场的草与其他地方的不一样，还是因为一些全球性的、系统性的因素发生了变化？

抗生素或许是导致普遍肥胖的其中一个诱因。许多农民会将抗生素混杂到动物饲料里面，这几乎成了一种标准的操作程序。这样做的目的不是治疗疾病，而是促使动物体重增加。这种非治疗功效的抗生素滥用杀死了一些肠道细菌，使得动物身体可以吸收更多的饲料营养。尽管用在每个动物身上的剂量都很小，整体效应却是巨大的。美国的工业化农场仅在 2011 年就使用了 1360 万千克抗生素——4 倍于用在病人身上的剂量，其中还有一些化学物质被排放到了环境中。

污水、动物的排泄物以及饲料中残余的化学物质在不断地污染着地球生物的食物和栖息地。循环使用农业用水和居民生活用废水的公园，要比使用干净水的公园积聚了更多的耐抗生素基因，多达 99 倍到 8655 倍不等。大范围持续扩散的小剂量抗生素会导致耐药细菌增加，因为许多细菌只会被削弱不会被杀死，所以它们有机会去生存适应。这也是单类抗生素在治疗人类疾病方面效果越来越差的原因。环境中低剂量抗生素的广泛存在足以导致动物体重普遍增加吗？这是野生动物，甚至人类体重普遍增加的一个原因吗？

除了抗生素外，还有许多其他的化合物，一概被统称为“致肥剂”，它们都可能激活脂肪细胞。因为其中一些物质没有毒性，也不致癌，所以我们对它们的影响往往研究得不够，也缺乏理解。这些物质经常出现在我们的食物链当中。2009 年，有约 25506 千克氟菌唑[①] 被喷洒到了绿叶蔬菜、水果和花上。我们在享受“新鲜”沙拉的同时，可能还在喝着硬塑料瓶装的饮用水，所以也在汲取着双酚 A，而这是另一种可能的致肥剂。

持续处于压力状态下和失眠也会使人更容易肥胖。肥胖的趋势会代际相传。母体感受到的持续压力也会改变孩子的免疫系统，甚至改变孩子的行为。这是怎么回事？研究显示，怀孕的大鼠在持续的压力状态下会产生大量激素，如皮质醇，而它们的幼鼠也会表现出焦虑状态。有趣的是，如果这些幼鼠被喂送一种特定的益生菌，其中包含瑞士乳杆菌 R0052 和长双歧杆菌 R0175，那么由压力带来的激素、大脑生物变化和由此导致的焦虑性行为都会显著减少。这说明饮食、环境和化学物质都会与我们肠道中的化学物质相互作用，并与我们的内分泌系统和免疫系统相关联。从神经密集度来说，肠道是人体中第二“聪明”的器官。有研究显示，应激性结肠综合征多会在精神状态异常的人身上出现，而且常会因压力而加重。随着生活方式、饮食和压力水平的改变，动物和我们自己都很可能更容易肥胖，甚至这种倾向在子宫中就决定了。

① 一种常见的杀真菌剂，同时也可能是致肥剂。

在达尔文的世界中，大自然会决定极度超重的婴儿的命运，主要表现为在短期内判定其生死，许多女性因身体限制根本无法生出体重过大的婴儿。但人类发明的剖宫产解除了这一限制。在整个人类历史中，在无菌处理和麻醉操作出现之前，剖宫产就相当于对母亲宣判死刑。在相当晚近的时间内，这些操作程序才使得剖宫产成为可供孕妇选择的安全生育方法，人们还会出于美容和方便的目的选择剖宫产。超过 1/3 的美国婴儿来到这个世界的方式与历史上的惯常方式有很大不同。在人类驱动进化的世界中，因出生时的体重而被投的自然否决票被消除了。

我们已经能够部分地设计自己想要的孩子将来会是什么样：孕妇在怀孕期间进行适当的锻炼会生出更聪明的孩子；终身持续锻炼可以帮助保持或提升人们的智商。但如果按照现在的方式继续走下去的话，我们的孙辈就不一定都健康了。人类选择驱动的进化正日益成为我们的责任。

EVOLVING
OURSELVES

第 8 章

重写生育：性与生育的分离

从进化角度而言，性就是底线。没有性，就没有繁殖，就没有未来的基因，就没有进化。

一般说来，无论什么物种，只要有食物，有生存空间，身体健康，生活环境稳定，那么其种群规模就会在短期之内快速扩大。比如耐抗生素的细菌不断扩散，荷花覆盖整个池塘，野兔数量猛增。资源充沛的年代会有很多浪漫的春宵，这很正常，也很自然。要想在自然选择中获得成功，意味着某种特定的基因要持续兴盛、繁衍。而在一个强大且具有统治力的物种当中，有不少成功的小群体选择不要孩子，这个现象就不太寻常了。

动物世界中有一些很怪异的关于交配的习性，比如雄松鼠会用交尾栓塞住雌松鼠的阴道，印度竹节虫的交配时间长达 10 周，蜜蜂的睾丸会爆炸，榕小蜂会咬掉配偶的头等，但与这些极不寻常的行为相比，人类在资源充足的环境中系统性地选择生育控制、独身节欲或是自愿不育，仍然是独一无二的。

普遍的生育控制使得我们可以决定什么时候要孩子，要几个孩子，这严重偏离了达尔文的进化规则。以我们的意志为主导进行的物种驯化和城市化也是如此。

还记得你 16 岁时的情形吗？你是不是曾对性感到好奇，或者更冒昧地说是痴迷？我想要你在自己和今天的日本青少年之间进行一次对比。日本家庭计划协会的调查数据显示，59% 的 16 ～ 19 岁的女孩对性没有兴趣。更令人震惊的是，36% 的男孩报告称他们也对性没有兴趣。这不是一个新兴现象，也部分地解释了为什么日本人口数量下降得这么快。除了人口统计数据的不平衡，每个月日本警察拘捕的老年窃贼也比青少年窃贼要多。到 2060 年，日本人口很可能只有现在的 1/3。讲到奇怪的不平衡，我想起了之前听过的一组数据，日本色情产业中有 10000 多名女演员，而男演员只有不到 100 名，这让一位持续加班工作的男演员抱怨称，干他们这行的比孟加拉虎还要少。

不仅是日本，整个世界的新生儿出生率都在不断下降，而新生儿父母的年龄则越来越大。在许多国家，每一代人的数量都比上一代要少。在 20 世纪 70 年代的美国，10 个女性中只有 1 人没有孩子，而现在 10 个女性中有 2 人没有孩子。20 世纪 70 年代，100 个女性中只有 1 个人会在 35 岁后生育第一个孩子，而今天，100 个人中有 8 个这样做。这个趋势仍在不断蔓延，导致每一代人之间的年龄差都在拉大。1990 年，大约 90% 的 60 ～ 64 岁的女性至少有一个孙辈。而今天，这个年龄段的女性只有不到 75% 成了（外）祖母，很快这个比例就会降到不足 50%。到 2025 年，德国 60 岁以上的人口很可能是 10 岁以下人口的两倍。

在 20 世纪中叶之前，人类尝试采用了一些最具创造力的方式来保护和传播他们的基因。他们在全社会实施大规模的计划，试图为所有社会成员制定规范。他们在幽暗的卧室、壁橱里单独展开各种实验。许多人渴望长期稳定的亲密关系，同时也在正式和非正式地试验着各种性别、年龄的配对安排。正如伯纳德·查帕斯（Bernard Chapais）在《进化人类学》（*Evolutionary Anthropology*）学报中的评论所述，“人类的交配系统极其灵活”。确实如此。只有 17% 的人类文明遵循严格的一夫一妻制。其他所有的社会都允许人们在一定范围内采用另外一些配对方式。尽管因循的法律、信仰和道德价值观不尽相同，甚至有很大的冲突，但总是会有孩子，很多很多孩子，呱呱坠地，跑来跑去。这也可以说明为什么现在地球上有了 70 多亿生灵。

在人类近期的性进化历程中，最明显的变化是我们生理上能够繁衍生育的年龄的深刻改变。尽管成年人的平均受孕年龄在不断增长，但儿童青春期开始发育的年龄却在不断下降。从 18 世纪 50 年代开始，男性青春期的平均开始年龄每 10 年会下降 0.2 岁。从 19 世纪中叶到 20 世纪中叶，美国和一些欧洲国家的女性月经初潮的时间越来越早。每过 10 年，女性的可生育年龄会提前 0.3 年。美国女性月经初潮的平均年龄从 1830 年的 17 岁降到了 1962 年的 13 岁。美国男孩开始进入青春期的平均年龄是 10 岁。随着我们以非自然的方式持续改变环境、滥用化学成分、改变生活习惯和激素，有更多的男孩女孩还在过个位数生日时就进入了青春期。到了一定时候，我们可能会考虑改变那个名字恰如其分的基因 KISS1，它影响着青春期的开启与关闭。关键点在于，我们有这个选择，如何面对这个选择将影响人类未来的进化。

男性生育能力方面也有一个重要但相反的趋势：在美国和部分欧洲国家，男性的精子数量在 20 世纪后半叶下降了多达 50%。在法国，在 1989 年到 2005 年之间，男性的平均精子数量每一年都会下降 1.9%。

今天的生育技术和选择会让处在维多利亚时代的达尔文脸颊发烧，但也会令他充满好奇。就达尔文（甚至你的祖父辈）所知，有且只有一种方式能够让女性怀孕，而今天则有几十种。要讨论这一点，我们要从性与生育的分离开始说起。历史上，夫妇俩有了性爱，往往不到一年之后就会有小孩。而现在多种避孕措施的发明使得人们在决定何时生孩子时有了更多的选择。性与生育时间被割裂开来，怀孕周期被安排得非常长。我们的类人猿祖先绝不可能在体外生育——将胚胎存在冰冻液态氮里，然后将胚胎移植到代孕妈妈体内。其他的哺乳动物也不会去冷冻自己的卵子，但是我们会。你认为将生育和年龄割裂开来，然后在几年甚至几十年后再要孩子这种方式如何？我不赞同，对前面提到的非正常性活动也不赞同。但最奇怪的是，所有这些我们都视为理所应当。就在第一个体外受精婴儿出生之前，4/5 的美国人都认为“试管婴儿”违背了上帝的意志。但在 1978 年 7 月，在路易斯·布朗[①]出生后一个月，之前接受调查的人中又有多于 60% 的人认为他们可以接受体外受精。现在，体外受精已经成了一种常规生育手段，一种可以和伴侣一边喝着星巴克的拿铁一边讨论和思考的事情。

由于技术的不断进化，婴儿的出生时间更是与性爱脱离开来。自 20 世纪 60 年代以来，已经有几百万对夫妇受益于越来越多的技术创新，顺利怀孕生子。5% 的新生儿出生都离不开促孕药物。2012 年，约有 1.5% 的新生儿出生借助了体外受精技术，即通过注射激素刺激女性的卵巢排出多个卵子，然后将这些卵子从体内取出，与男性伴侣或者捐献者的精子放在一起，等到受精之后再移植回女性体内或者代孕者体内。借助代孕者生子使得婴儿甚至可以在父母离世多年后再出生。一个孩子可能拥有两个父母或者三四个父母，这可不是你的祖父母能想到的事。

不可否认的是，化学物质也极大地改变了我们的性习惯，甚至改变了为人父母的资质这种人口统计特征。就像《连线》杂志的某位作者所说，“昨天的药事关需求，今天的药事关欲望”。尽管“超重、抑郁、脱发和性无能都只是描述性词汇，但在今天的美国这些都被视为疾病，为了治疗这些疾病，每年的直

① 全球第一例试管婴儿。——编者注

接医疗费用高达440亿美元——非常接近我们对抗癌症所花费的500亿美元”。随着老年人借助化学手段来寻找并成功地发现更高质量的性爱，万艾可、希爱力等促进勃起功能的药物的广泛普及带来了一些奇怪的后果：性传播疾病患病率飞速上升（不是在治安糟糕的城市贫民区，而是在老人们的家里）。它还催生了一些非常年长的父母：玛丽亚·德尔·卡门·鲍萨达（Maria del Carmen Bousada）在生双胞胎时已经年满67岁。一个非自然的趋势再度提供了非传统的进化机遇。

女性一般出生时就携带了她所有的卵子，而男性一生都在不断制造精子。随着男性的衰老，他们的精子会产生变异（大约每年积累两个）。这意味着75%的人类自然变异率是由男性驱动的。男性越老，精子中的变异越多；30～34岁的父亲比20～25岁的父亲生出患神经管缺陷孩子的概率高20%。如果50岁及以上的男性做父亲，则孩子患这种疾病和许多其他先天性缺陷的概率会上升230%。年长的父母会令人类基因组变异得更快。

此外，我们还可以根据DNA的适应程度在体外来挑选胚胎，比如移植前的诊断可以发现黑蒙性白痴或唐氏综合征这样的染色体缺陷。我们可以在孩子出生前将新的基因注入胚胎，或者阻止一些基因表达。我们还可以干预胚胎的生长。操作清单可以持续延伸下去。当一个物种运用如此精细的技术来控制自身繁殖时，某些本质性的东西就改变了。当然，我们才刚刚开始。未来人类的非自然选择还会在很大程度上辅以非随机变异，这些变异来自克隆、无性繁殖以及对几十年后出生的自身复制体进行编辑。

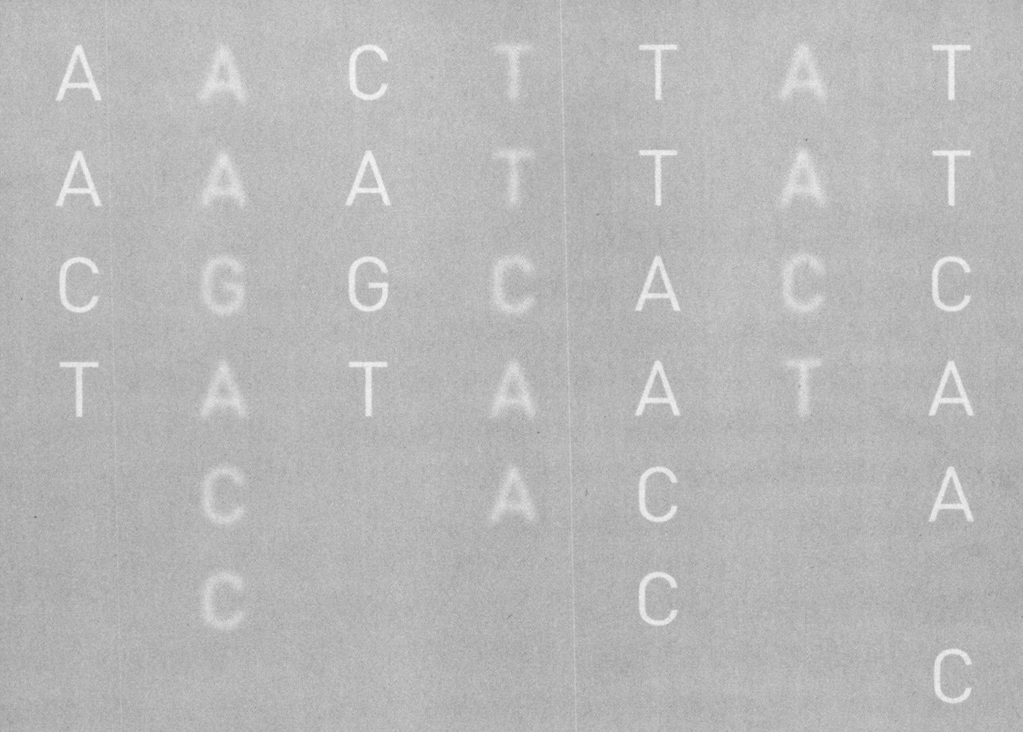

第二部分

改写生命密码的途径：我们如何操纵物种的底层代码？

EVOLVING
OURSELVES

第 9 章

编写基因密码与设计这些新密码所处的环境

如果学术圈要评选圣人的话，爱德华·威尔逊（Edward Wilson）[1] 一定是候选人之一。威尔逊花了大量的时间给学生讲课、演讲、做指导，即使是面对那些对蚂蚁稍有兴趣的人，他也会耐心讲解。威尔逊为整个研究领域构建了一个结构框架。他的关注领域极其广泛，小到区分每一种蚂蚁，大到整个生态系统如何运行。威尔逊是一位系统思考者，他寻求将宗教、道德、环境以及其他科学学科统一起来，思考整个环境如何与内生的遗传算法相互作用，以及所有这些如何塑造个体和社群的行为。

① 美国生物学家，社会生物学之父，美国国家科学院院士，讲述其重磅研究成果和发现的《半个地球》《人类存在的意义》《创造的本源》中文简体字版已由湛庐文化策划、浙江人民出版社出版。——编者注

威尔逊的一个主要学术对手是固执好斗的诺贝尔奖获得者詹姆斯·沃森（James Watson）[①]。沃森非常聪明，是DNA结构的联合发现者，成就颇丰，而围绕他的争议也有很多。在职业生涯早期，他在未经允许的情况下查看了化学家罗莎琳德·富兰克林（Rosalind Franklin）拍摄的DNA的X射线衍射图片，但沃森后来极力贬低富兰克林对于发现DNA双螺旋结构所做的贡献。在获得诺贝尔奖之前，沃森带着他在英国取得的部分成就来到了哈佛大学，一起带来的还有他咄咄逼人、自视甚高的处世方式。初来乍到，他就不加思量地称威尔逊不过是一个"集邮者"。在沃森的世界里，生物学中只有分子生物学才是最重要的。

威尔逊对此评论并不高兴。但作为一位来自美国南方的绅士，一位具有高尚灵魂的人，他没有回应沃森的挑衅，或者说是在一段时间内没有回应。但沃森并没有因此停息，他不断地出言不逊，使得威尔逊的耐心被耗光了。威尔逊后来回应说，沃森"是他遇到过的最令人感到不悦的人"——对于威尔逊来说，这已经是他能说出的最"恶毒"的话了。威尔逊不是唯一一个有此感觉的人。很快哈佛大学的校园里就分成了两派，他们激烈争执着究竟生物学是应当主要因循自上而下、系统论的环境生态视角（威尔逊主义者），还是应当严格因循自下而上、还原论的分子生物学视角（沃森主义者）。

这一辩论早在20世纪初就开始了，那时，人们重新发现了孟德尔的研究，定义了遗传的基本单位——基因，对于环境决定论和基因决定论的关系的理解也有了明显的转变。到了20世纪四五十年代，奥斯瓦尔德·埃弗里（Oswald Avery）、沃森、克里克、西德尼·布伦纳（Sydney Brenner）和许多其他科学家开始发现DNA、蛋白质及其他形式的生命密码的作用方式：生命的密码是由有着螺旋状阶梯结构的DNA双螺旋编译的。阶梯的横档由四种化学物质构成：腺嘌呤、胸腺嘧啶、胞嘧啶和鸟嘌呤，简写为A、T、C、G。就像你用一

① DNA双螺旋结构的发现者，诺贝尔奖获得者。讲述其发现DNA双螺旋结构历程的作品《双螺旋（插图注释本）》中文简体字版已由湛庐文化策划、浙江人民出版社出版。——编者注

长串字母写一个句子，用一组二进制字符 0 和 1 编一个计算机程序一样，我们的基因组是由 A、T、C、G 四个字符编成的。此外，几乎每个人体细胞中都包含 23 对染色体，这些染色体由 DNA 组合而成，遗传自父母双方。这 23 对染色体当中包含着 32 亿个 A、T、C、G 碱基。所有这些密码就等于一个人的基因组，你可以把它们编写成一本厚达 640 万页的极其枯燥的书。如果单个细胞里所有的染色体头尾相连排列在一起，总长度达 1.83 米。令人惊叹的是，每个细胞每次分裂的时候都会创造一个几乎一模一样的 DNA 副本。

在寻找遗传基础的科学竞赛中，DNA 是一匹黑马。虽然遗传学家知道 DNA 存在于很多生命形式中，但从宏观层面看来，所有物种的 DNA 在化学上都是一样的，所以有人认为 DNA 并不重要，它只是一个旁观者和副产品，一定有些更复杂的东西决定了电话推销员和黏糊糊的草履虫之间的差异。在埃弗里、科林·麦克劳德（Colin MacLeod）和麦克林·麦卡蒂（Maclyn McCarty）1944 年完成了他们著名的实验之后（该实验显示肺炎链球菌的 DNA 和传播几种不同类型感染的病毒的 DNA 是相同的），其他的科学家才开始关注 DNA，视其为进化的驱动因素。但直到 20 世纪 50 年代，这项重要发现在科学界仍没有得到大多数人的重视，因此也没有获得诺贝尔奖评委会的认可。

在沃森和克里克之后，人们逐渐开始认识到可以像阅读一本操作手册一样阅读生命密码。在 20 世纪剩余的时间里，分子生物学家们力图理解生命密码的许多表现和变异，并试图在微观层面上进行全面解释。传统的生物学家、生态学家和环境学家则往往会被这些新兴的科学传教徒们藐视和讥笑，后者认为只有分子生物学才是了解所有生命形式的密钥。沃森妄言，任何采取自上而下的方式来观察环境、研究动植物行为的生物学家都理当被批判、被解雇。他只对生物分子感兴趣。在沃森看来，生命密码是驱动一切的基础。

随着 DNA 测序仪器的功能越来越强大，成本越来越低廉，科学家对 DNA 的研究揭示了囊肿性纤维化、癌症和各种可遗传特征，包括小指弯曲与否、舌头是否可以卷起、有无酒窝和肌肉类型等，都是由于遗传变异导致的。每一项发现都强化并再度证明了达尔文的观点，DNA 随机变异创造出了千差万别的物种，甚至是千差万别的人。人类基因组图书馆自 2000 年人类基因组草图绘制完成起不断积累，已经可以提供关于不同人类物种最初如何构建、如何产生差异的详细蓝图了。

我们对基因组学了解得越多，就感觉越奇怪。人类并不像科学家所预测的那样有 10 多万个基因，而是只有大约 19000 个基因。你和你讨厌的邻居之间的基因差异只有区区 0.1%。基因组学研究可以帮助我们预测一个人的肤色、血压、瞳孔颜色、耳垂形状和体毛的浓密程度，而对于更复杂的特质，基因组学的预测力和在基因与特质间建立直接关系的能力就显著下降了。

渐渐地，即使是“唯分子论者”阵营中最坚定的拥趸也不得不承认环境在遗传中发挥的作用。生物体生存的环境会深刻影响其 DNA 的表达以及这种表达如何传递给下一代生物体。你出生时就携带的 DNA 可能会被周围环境显著改变。就像现在的遗传学医学博士喜欢说的，自然装上了子弹（基因），养育扣动了扳机（基因的表达）。

随着我们学习修改基因密码，了解 DNA 分子的自然进化，同时还有人类对许多物种的基因密码进行修改和重写，人们发现自然与养育之间的区分更加复杂模糊了。

在哈佛大学，威尔逊主义者和沃森主义者这两个派别也展开了形式上的对话交流——威尔逊和沃森在 2009 年的一次活动中展开了同台对话，气氛也相对友好文明，而非剑拔弩张。不过，对于在问答环节被问及的一个似乎在影射威尔逊的问题——“一个绅士能在科学领域做出成就吗”，沃森的回答仍然充满个性——“耶稣也成功不了”。詹姆斯·沃森做出了很多贡献，他帮助人们厘清了 DNA 复制的确切机制，他也是“人类基因组计划”的早期倡导者和领导人。在他的监督下，冷泉港实验室做出了高水平的研究发现，在遗传疾病和癌症方面探索出了关键研究路径。但他有时也会放任自己刚愎专横的另一面，就像《化身博士》（*Dr. Jekyu and Mr. Hyde*）中邪恶的海德先生一样。他固执地认为，只有基因序列最重要，因此否决了许多本来很有前途的年轻科学家和研究项目。

那么几十年来的研究发现对于搞清楚自然与环境之间的关系有什么影响或启示吗？当然有。生物性被证明并不是一切的主宰。环境因素在基因的表达中也起了一定的作用，而且作用重大。沃森和威尔逊都是对的，但他们都只对了一部分。如果将他们的观点结合在一起会准确得多——威尔逊认识到了这一点，并在 1998 年所写的《知识大融通》（*Consilience: The Unity of Knowledge*）一书中阐述了这一趋势。

这些认识与我们有什么关系吗？当然，这使得要准确预测疾病或药物的效果，或者尝试“更新改善”人类的身体，都变得更为困难。随着人类开始编写遗传密码，并将其释放到已驯化的、以人类设计为中心的环境中，自然和养育会结合在一起驱动进化。随着人类修改、塑造和驯化环境，我们也在修改自身和后代的基因密码。我们的文化规范，即“养育”这一部分——我们选择如何行动，做什么，如何对待微生物、植物、动物和我们自己，反映出对人类统治力越来越强的知觉和信心，而这反过来又塑造了人类进化。对进化理论的修正既要解释我们将如何编写基因密码，又要解释我们将如何重新设计这个新密码所处的环境。否则，我们将再次落入“缺失的遗传性”陷阱。

EVOLVING OURSELVES

第 10 章

理解基因与特质的关系，弥补“缺失的遗传性”

如果演员招募部门要寻找白发苍苍、富有同情心、睿智博学的医生人物原型，医学和哲学双博士维克托·麦库西克（Victor McKusick）无疑是一个理想人选。从 1966 年开始，麦库西克花了近一生的时间对每种已知的遗传疾病变异进行分类归纳，最终整理写作了一本核心参考书《人类孟德尔遗传》（*Mendelian Inheritance in Man*）。

在麦库西克的不懈坚持下，他的分类条目扩充得很快，每天都在增加导致无数常见疾病和罕见疾病的变异基因，也包括决定耳垢类型和某些运动能力的基因等。《人类孟德尔遗传》极其详尽地描述了各种可预测的罕见疾病的遗传变异，比如与阿尔茨海默病、帕金森综合征和肌萎缩侧索硬化这些神经类疾病有关的变异。麦库西克还归纳整理了部分决定眼睛、头发和皮肤的颜色，头发的类型，身高和体重等细小的基因变异。全书总共有多达 21565 个条目，揭示了基因和疾病的关系，可谓包罗万“病”。

《人类孟德尔遗传》是一本很棒的指南，可以告诉你由于你幸运或者不幸地选择了你的父母，可能会有很多事情发生在你身上。以身高为例，许多高中篮球队的教练只是在杂货店里看到小孩跟在身材高大的父母后面，就会主动上去攀谈，了解孩子将来是否有兴趣加入高中篮球队。在大多数情况下，人们可以根据父母的身高来预测哪个孩子最有可能会长到 195 厘米。我们已经了解到有 40 种不同基因的变异或突变与身高有关。只要没有经历营养不良，你的身高 80% 取决于你的基因。每个人的高矮因家庭状况而异，而兄弟姐妹和刚出生就分开养育的异卵双胞胎的身高存在高度相关性。

已找到的这 40 个“预测”身高的基因只涵盖了 5% 的身高遗传基础。尽管有着麦库西克不懈的努力，有科学家耗费了数百万美元的研究经费，进行了无数个小时的思考探索，还有最先进的基因组技术作为辅助，我们仍然无法清晰确定决定身高的主要遗传因素。同样，我们也弄不清楚其他看上去清晰可辨的特质背后的遗传原理。

尽管麦库西克各方面都十分出色，但他的成功、自信、威望和智慧使他像詹姆斯·沃森一样，在无意中部分地误导了许多人——单单强调了基因的预测效力。在早期的遗传学研究中，科学家很容易就将一些简单的疾病或非疾病特质简化还原为单个基因的单一突变，但这些成功似乎只是一些“很容易摘到的果子”，远不具有代表性。绝大多数特质都非常复杂，单个基因往往解释不了为什么，用于指导如何做的问题更是难上加难。但人们几乎读不到这方面的遗传学文章，因为几乎所有的专业文章和媒体报道的激动人心的故事，都关注的是遗传学家发现了什么，而不是发现不了什么。

这样的结果给公众留下了错误印象，让他们认为几乎所有的疾病都有着清晰可辨的遗传基础。但极少有疾病的遗传机制像电灯开关一样，疾病与基因之间极少存在一对一的对应关系（如果你有 X 基因，你就会得 Y 疾病）。一次又一次的研究都没能找到大多数可遗传疾病或特质背后的基因或遗传变异，包括Ⅱ型糖尿病（只能预测6%的人群）、高密度脂蛋白（5%）、早期心肌梗死（3%）以及家族乳腺癌（10%）。在对这些疾病的研究中，科学家都只是在极少部分患者身上找到了明确的致病基因。一些耸人听闻的媒体标题，比如特定基因变异可以预测税收是否会影响某些人的吸烟行为，都只是断章取义、夸大其词。你需要去阅读相关研究论文及其脚注，才能弄清楚这项研究结论只对1%～2%的人群而言是有效的。

你要是再读到一篇题为“科学家发现了导致X的基因”的文章，一定要仔细读一下尾注、作者资质说明和附加说明。事实很可能是科学家发现了一种统计显著的相关性，但这个相关性通常只适用于很小的一部分人。对于许多家族遗传的复杂疾病，包括癌症、高血压、神经退行性病变、自身免疫疾病、糖尿病、肥胖症、精神分裂和抑郁症，大多数的致病基因都还没有找到。一般情况是，即使是最强的相关关系，科学家所发现的遗传差异也只能解释5%～15%的人群。这个包裹在实验外衣下的严峻而普遍的黑暗“秘密”被称为“缺失的遗传性”。

有时，研究者能够找到特定的遗传识别标志，所以可以断言：如果一个人有某个基因，就会发展出某种疾病，就会长成某种样子。但更普遍的情况是，我们找不到具有因果关系的特定基因来解释和预测特定的遗传特质和疾病。遗传学家多关注的是结果和成功，他们都是非常聪明的人，往往在转到生物学领域之前都接受过数学和物理学的训练，所以他们很少解释为什么找不到缺失的基因。

偶尔会有对“缺失的遗传性”的讨论，但这些文章自成一类，文中充斥着像上位性、等位基因结构、生物暗物质、连锁不平衡或多态性这样的生僻名词，中间还间或夹杂着不少高深莫测的等式和相关性，难以理解。抛开这些生僻的术语和数学公式不提，当你强打精神读到这些文章的结论部分时，你会发现这些结论大抵可归为四类：（1）“情况很复杂，与许多相互作用的基因都有关系”；（2）“我们需要更多的数据（当然也需要更多的研究）和资金支持”；（3）“等我们完成几百万人的基因组测序后，就会找到答案”；（4）“基因并没有缺失，它们只是隐藏起来了，我们未来的新策略会找到它们的”。或者，如果确实什么也没发现，他们会摆出正襟危坐的学究的样子，目光从眼镜上方瞟出来，清清喉咙，扬扬眉毛，然后慢悠悠地说：“这是先天与后天、遗传与环境共同作用的结果。”

尽管已经花了几十亿美元，但绝大多数实验室都受困于一些经常出现的“基因中断”情况。所有人都只关注少数一些明显相关的基因，并没完没了地循环摘引，而对于那些没有清晰的相关性，或者数学上不太可能，也很难在同行评审刊物上发表的研究结果，他们只会选择保持缄默。实际上，那些结果才是在试图解释大多数遗传情况、疾病和特质的关系。一笔又一笔的基金资助都打了水漂，研究结果就像在说：“没有发现显著相关性，大概是我的实验用鼠把基因吃了吧。”

智力就是缺失的遗传性的一个典型例子，很大一部分（大概 50% ～ 85%）智力被认为是由遗传决定的。但无论怎样努力，基因科学家就是找不到确切的“基因”与这项不显山露水的人类特质相关联。在这项类似于早年争相攀登珠峰的角逐过程中，北京华大基因研究中心进行了一项颇具争议的研究，他们试图从 126559 个被试身上找到关于智力的缺失的遗传性。他们的研究人员对这些被试身上存在的几万种微小基因差异进行了分析，结果显示，少数几个基因的三种变异体与智力有着非常微小的相关性。为什么对于这样一个本应该可以预测的遗传特质，我们就是找不到证据呢？

绝大多数人类疾病、行为和特质都涉及我们遗传自父母的基因和日常生活中所经历的事件（特别是在子宫中和儿童时期）之间的相互作用。你甚至可以在这个预测等式中增减一些微生物的影响。许多看上去与家族遗传密切相关的状况，比如癌症、抑郁、智力、哮喘、运动能力、身高、成瘾倾向、幸福感、自闭症、高血压、音乐才能、体重、暴力、寿命、利他性、心脏病以及精神分裂，都部分基于遗传，部分基于环境……也就是我们所说的“威尔逊 + 沃森”。

化学暴露是一个说明这种相关性的很好的例子。《Sax 工业材料危险性能参考手册》（*Sax's Dangerous Properties of Industrial Materials*）中收录了 28000 种有毒物质，其中包括 2000 多种已知的致畸剂——会导致胎儿出生时带有先天畸变的物质。这份清单读起来像一本化学教材，里面满是不知道怎么发音的单词。其中一些是明显非常有害的物质，其致害效应是可度量、可观测的，也是可在同行评审刊物上发表的，在专业领域也没什么异议。有无数的例子都显示，这些化学物质与胎儿或儿童的严重畸变存在相关性。但在任何社区环境中，即使每个人都接触到了一些这样的化学物质，也只有少数人会受到长期损害。

那为什么我们不干脆现在就禁止使用化学物质呢？首先，这样做完全不现实。大约有 96% 的人造产品的原材料是化学物质。其次，日常生活中使用的化学物质通常能让我们的生活变得更便捷、更安全。如果你想要快速了解化学物质与人类生活的关系，可以在佛罗里达州的大沼泽地生活一星期，身边不带任何与化学有关的物品。作为有趣的对照，你可以让好朋友和你一起远足，但他可以使用化学物品，比如压缩食品、帐篷、速干衣、手电筒、驱蚊剂、防晒霜、净水装置、蚊帐以及杀菌剂。这趟游览归来后，你还可以在城市里尝试展开一次类似的实验。你不使用也不接触任何与化学有关的产品，而你的朋友则过着日常的生活。你会发现你的都市生存体验非常不舒服，因为你无法享受交通、住房、道路、大多数食物和无数其他非天然的必需品，而这些都是我们本来习以为常的。

我们所能做的是识别出哪些是驱动进化的化学物质，更好地认识它们的作用。即便已有清楚的线索能够说明一些化学物质会以特定的方式影响我们，实现这一点也不容易。就像基因一样，化学物质研究的普遍现状是只能得出含糊不清的研究结论，却不能清晰证明其中的因果关系。对一项先天性畸变的分析显示，有 20% ～ 25% 的病例是由已知的染色体或基因异常导致的，而只有 7% 的病例可以归因于环境因素，包括放射性元素、药物以及环境中的化学物质。剩余 70% 的先天畸变原因未知，这又回到了最初科学家们一无所知时常用的表述：“这是基因和环境在多方面相互作用导致的结果。”

对于近 3/4 的先天性畸变，我们没有找到任何基因变异或化学物质与其的相关性。这就是说，我们很难得到研究经费，来研究并证明某种特定的化学物质会导致或决定某种特定的疾病或特质。结果就是许多可疑的有毒产品得以继续生产、销售和扩散。那些想要继续营销推广产品的人往往财力、权力兼备，能够在产品被迫下架之前散布谣言，并提供许多种其他可能的解释。这样一来，即使是最不道德的违规者也能够兴旺发达几十年。烟草公司的内部研究已经显示，吸烟极度有害健康，但他们仍利欲熏心，花钱大做广告叫器：“有更多的医生在抽骆驼牌香烟，而不是其他品牌”；“有 20679 名医生说好彩牌香烟没那么刺激”。

在日益复杂的世界中，我们遇到的非天然的有毒物质数以千计，而且往往是组合方式不一。每个人都会成为相对独特的样本，而这样的样本不可能在实验室环境中复制。我们所能做的就是，寻找那些大规模接触某种化学物质的人群，然后从中选取研究样本。所以，尽管医学博士们喜欢确定性，想要给出明确的诊断，但当今的许多医学领域仍依赖于“试试看”“可能是这个原因”“我们试试看这个能否奏效”这样摸着石头过河的策略。在许多情况下，我们甚至完全不知道是什么导致了某种综合征、癌症或是传染病。我们只能注意到某个人意外患病，但往往找不到明确的病因。

我们在不断地驱动着进化，但还不知道许多病痛的真实诱因。如此看来，我们和那些把发烧、头痛、瘟疫、残疾解释为神灵附体并进行治疗的昔日巫师相比并没有多大不同。科学家们尚且有如此多的不确定和博彩赌运气的做法，那些饱受病痛折磨、绝望恐惧的患者有时会求助于各种合理或不合理的猜测也就不奇怪了，他们也只是想搞清楚究竟是什么导致自己的身体受到了侵害。他们采取个人化的预防策略，接受非传统的治疗，只是希望能够远离疾病和痛苦。这种情况催生了回归自然的生活方式、各种价格不菲的有机食物、顺势疗法、维生素疗法、解毒剂以及洗肠等。有调查研究表明，各种替代疗法广受欢迎，即使科学研究并不支持，也仍然每年都在增长。

化学物质在持续扩散。2013 年，加拿大研究人员在监测污水排放时发现，所有人都暴露在多种不断累积的非天然物质中。这些研究人员首先想办法对经常出现在污水中的各种非天然化合物进行了分类跟踪，然后绘制出了各个河流、湖泊中特定化学物质的浓度分布图。数据结果不仅显示出谁在哪里排放了多少污水，而且还发现了什么物质正在进入和离开人们的身体。有进就有出，通过研究污水中发现的四种人工甜味剂（甜蜜素、糖精、三氯蔗糖和乙酰舒泛）的浓度，研究人员就能够跟踪哪些物质进入我们的身体，经过肠道吸收，最终又被排入了污水。人工甜味剂很容易追踪，因为它们会直接穿过我们的身体，进入污水处理厂，然后积聚在河流下游，很容易测量。经过循环，这些物质在我们的身体和污水中越聚越多。加拿大这个研究团队在南安大略省的 23 个采样点（都是居民家中的水龙头出水口）发现，那里的甜味剂残留物非常显著，是所有地方报告的这类物质环境含量水平中最高的。

甜味剂提供了一组很好的指标，这表明人们可以对人畜废料排放和污染物加以跟踪和区分，评估营养物质的吸收情况，确定污染模式和散布率，弄清不断出现的污染物来自哪里。这些化学物质的存在时间和扩散程度如此之广，很可能会对五大湖区的生态环境产生影响，就更不用提我们的身体了。长期不规律地接触各种化学物质，很可能会引起我们身体的逐渐变化，这也是我们有意或无意地引发非随机突变，驱动自身进化的途径之一。

EVOLVING
OURSELVES

第 11 章

掌握基因的开关，破解“巫术生物学”

我们来看一些即使是生物学家也有些摸不着头脑的新科学。在第二次世界大战激战正酣的时候，纳粹封锁了通往荷兰的所有食物和燃料供给通道，造成了人为的饥荒。许多饥荒时期出生的婴儿身上携带有影响持久的后遗症，他们均表现出了许多疾病的高发病率，比如心脏病、肥胖症、葡萄糖耐受不良或气管阻塞。严重的创伤改变了饥荒受害者的基因，甚至波及了尚未出生的孩子。直到现在，遗传学家还没有给出大家普遍认同的解释。根据传统的遗传学定律，我们也可以说饥荒直接影响了还在子宫中的胎儿的基因。

最奇怪的地方是，这种效应并不会在传递给一个孩子或是一代人之后停止，在战后、饥荒后出生的其他孩子也会受到影响，即使后来食物已经不再匮乏，遗传的记忆仍然挥之不去，而且似乎还会持续很长时间。在之后的跟进研究中，科学家追踪了这些在第二次世界大战期间怀孕并遭受饥荒的荷兰母亲，结果发现，她们的女儿生育的孩子患精神分裂的概率是平均患病率的两倍。换句话说，这是母亲在战争时期遭受的苦难传递到了女儿身上，然后又转化成心理障碍的形式传到了孙辈身上：一个遗传的伤疤被许多人集体继承，至少会跨越两代人。可以推想，这表明基因以某种方式被改变了，即使那些与饥荒本身没有直接关系的人也会受影响。

如果说由于环境的变化，我们的遗传密码会实时改变，而且这些改变还能继续传递下去，那么，早就名声扫地的生物学家拉马克或许有些被误会了。在19世纪早期，拉马克冒生物界之大不韪，提出进化过程有可能发生在一代之内。他的著名论断声称，如果长颈鹿总是抻着脖子去够长在高处的树枝，它们的脖子就会越来越长，这种有益的特质还会遗传给后代。拉马克是在说，进化并不像达尔文所描述的那样，是一种非常缓慢且偶然的过程。不久之后，拉马克的理论被证明是错误的。达尔文获胜了，现在美国的生物学先修课程辅导书上还写着："拉马克的理论是错误的，因为获得性改变（体细胞内'宏观'层面的改变）无法传递到生殖细胞中。"大局已定，本公案宣告结束……只是，荷兰饥荒的例子似乎与这个结论不符。

直到最近，"代际遗传"仍是有修养的遗传学家谈话中的禁忌概念。但疑问仍在暗地里涌动，特别是科学家们在做实验时观察到，各种细菌在迅速适应新环境时表现出了高超的本领和惊人的速度。这些科学家认识到两件事：第一，快速适应的发生是由于出现随机、有益的突变的可能性极低；第二，类似抗生素抗药性这样的特质能够在微生物的某个物种内或者多个物种间快速传播，这说明一定存在某种实时进化的重置机制。这导致有些勇敢的科学家开始重新强调"表观遗传学"这个术语，它最初是由英国科学家康拉德·沃丁顿（Conrad H. Waddington）于1942年首先提出的。

大多数早期的表观遗传学家都没有得到足够的重视，有些甚至被蔑称为"巫师生物学家"。他们所宣扬的观念与核心遗传学差异极大，以至于只要他们的实验局限在以细菌作为实验对象，其实验结果和理论就被认为只是巧合。但后来，实验对象扩展到了西红柿，科学家们在研究中观察并量化了西红柿的代际变化——当西红柿被暴露于干旱、严寒或者酷热的环境中时，产生的遗传变化会传递给下一代和再下一代的西红柿。这类发现仍在不断涌现。2013 年，康奈尔大学的一组研究团队在试图弄清什么东西决定了西红柿何时、为什么成熟时，发现关键因素不是遗传密码，而是表观遗传。研究者在蠕虫、果蝇和啮齿类动物身上也发现了类似的表观遗传效应。在一项很有创造性但稍有些恶意的实验中，实验人员令老鼠先闻甜杏仁的味道，然后电击它们的爪子，老鼠很快就会对杏仁味道产生恐惧。当这些老鼠生育后，虽然幼鼠从来没被电击过，但仍旧害怕相同的味道，幼鼠长大后再生的孙辈鼠也这样。三代鼠的大脑中都有着被修改后的“M71 小球”——一种对甜杏仁味道特别敏感的特殊神经元。我们还不清楚表观遗传标签会持续影响多少代，但对于大鼠来说，这个效应至少会持续 4 代。在蠕虫身上，干扰后的表观遗传控制机制能够持续影响 70 代蠕虫。

其原因似乎是核心或线性 DNA 密码（这个密码反映在生物体的基因组序列中）要花很长时间才会发生变化，但有各种其他机制可以改变、编辑、加速、延缓核心基因密码的表现。这有些类似于同一个词可以有着完全不同的含义——对同一个孩子的名字，父亲或母亲呼唤时情境不同、用的语调不同，有时尖锐、有时柔和，语速有时快、有时慢，传递的含义就会不同。总是以一种非常失望的腔调来称呼孩子名字的父母，和总是以乐观、欣喜的腔调称呼孩子名字的父母，其影响大不相同。

表观遗传学之所以有趣，是因为它认为外部的应激源（stressors）和去应激物（de-stressors）不仅可以改变个体，甚至可以改变几代生物体的遗传密码。换句话说，表观遗传学家假定，即使遗传密码完全相同（比如同卵双胞胎），它也可以被很小的化学标签逆向修改，这个标签就是一个高效的“开 / 关”机制，它可以激活或者关闭特定的基因。这意味着环境刺激，例如饥荒、压力、毒素、爱，都可以通过神经系统、内分泌系统或免疫系统传递到每个细胞的

DNA 内，继而开启或关闭遗传密码的表达，令其在特定情形下处于被激活状态或静息状态。遭到入侵物的持续侵袭？按下几个开关来防御。摄入营养太多了？按下几个开关储存脂肪、促进生育、加速新陈代谢。所在社区有瘟疫？按下几个开关提高抵抗力。你的 DNA 基因组中有着“开启 / 关闭”的化学机制，这些开关统称为你的表观基因组。你的表观基因组是独特的，每按下一个开关它都会发生相应的变化。

因为表观基因组的开关被认为是可逆的，所以当它们由父母遗传给子女时，许多科学家认为这是一种“软进化”，也就是说这种进化不一定像核心 DNA 基因组发生的突变那样持久不可变。表观基因组可以被遗传，可以被逆转，可以被强化。与经典的孟德尔遗传学不同，表观遗传很难预测和量化，所以可以想象得到，这种实验结果上的变化会令多少仔细而认真的传统科学家抓狂，因为他们相信 DNA 密码就是最重要的遗传机制。他们尝试最大限度减少变量，利用基因完全相同的大鼠进行实验，有时得到的结果却大相径庭。几十年来，表观遗传学一直得不到资助者、资深生物学家和科学杂志的重视，这一点儿都不奇怪，有人甚至对此嗤之以鼻、不屑一顾。我们没有可靠的方式能够跟踪到拐点性事件，也没有办法轻易预测哪些个体未来的后代会受到影响。

那表观基因组是怎样获悉我们周遭的信息的呢，特别是胚胎或受精卵的表观基因组是怎么感知到这些信息的？大多数科学研究结果指向了我们的神经系统、内分泌系统和免疫系统。我们的大脑、腺体和免疫细胞会感知外部世界，然后分泌激素、生长素、神经递质和其他信号分子，告知身体的每个器官：“需要适应环境变化啦！”当我们体验到压力、爱、衰老、恐惧、愉悦、感染、疼痛或者饥饿时，各种激素就会调节身体的各种生理反应。激素在我们血液中奔涌，皮质醇、睾丸素、雌激素、白细胞介素、瘦蛋白、胰岛素、后叶催产素、甲状腺激素、生长激素以及肾上腺素的变化，可以让我们以不同的方式生长发育、采取行动。它们会对我们的表观基因组发出信号：“是时候按下开关了！”随着周遭世界的变化，基因会被关闭或者开启。

但究竟这些开关是什么，它们是怎么运行的？我们可以把软进化比作一本带批注的书。就人类物种而言，书的文本内容和论点论证基本是一样的。但如果文本被越来越多的页边批注和点评所包围，那么虽然读者读的是同一本书，读到的批注内容却不同，结果就可能产生完全不同的学习结果。学到什么则取决于读者借的那本是谁做的批注，批注者是如何理解原始文本的，读者决定如何解释原书内容和批注之间的相互关系，以及是否有些批注已经被其他读者擦掉或者修改了。一些重要批注甚至会被吸收到核心文本未来的版本或解读本当中。比如，詹姆斯国王版的《圣经》就与更古老、更接近最初版本的阿拉米语版大不相同。

在快速、可继承的表观遗传适应当中，有多种方式可以增加修饰而不改变核心 DNA 密码。一种基本且常见的机制是 DNA 甲基化修饰。用书呆子的话表达就是，细胞中的酶将一个甲基基团（CH_3）附着在 DNA 中鸟嘌呤（G）旁边的一个胞嘧啶（C）上，形成了一个甲基化孤岛。这就是在告诉接下来的基因，“嘘……不要表达自己”。人类物种多样化的一个关键原因就是我们 70% 的（大约 14000 个）基因中都具有这些开关，再加上开关之间的随机突变，最后的结果是，整个人类种群中有无数种按下开关的组合方式。

在表观遗传标签和遗传性上，精子和卵子几乎意味着一个全新的开始。在受精发生之前，估计有 90% 的开关都会被抹去，这意味着绝大多数表观遗传记忆都会消失。但事实上仍有很多新近的信息从上一代传递到了下一代。而大多数科学家既不怀疑也不相信一个未出生的孩子能“听到这么多激素谣言”，甚至是在受孕前就“听到”。关于遗传性的核心载体，有些幼稚的文章把题目叫作“精子中的感受器：这是真的吗？”有些科学家把精子描述为长了尾巴的 DNA 简易收纳袋，但这些科学家一定解释不了为什么精子有那么多感受器来感受那么多激素，而这些激素又与生殖不直接相关，包括瘦蛋白，还有 19 种生长素、细胞因子和神经递质。精子、卵子或胚胎中的表观遗传开关都可以启动或关闭，这样你的孩子和孙辈就可以分享你的环境经验和知识，从而为他们即将进入的环境做好准备。如果你是个男性吸烟者，而你的兄弟不吸烟，那么你精子中的 28 个表观遗传信号就和他的不一样。因此，我们可以认为，精子在“倾听”。它们有时会幸存下来讲述关于一个人的遗传和年龄的故事，故事内容甚至还包括童年时期的戏剧化经历和充满躁动激素的疯狂青春期。受精卵和非受精卵也携带着感受器，不断接收来自母亲的激素信息。在受孕的一刹那，你的孙辈就像在倾听故事，有时他们还会让这故事继续流传下去。

许多以人为被试的研究已经证实了跨越代际的荷兰饥荒研究。卡路里和蛋白质不足导致了新生儿体重过轻。一个孩子来到的世界如果没什么食物，那么他应该采取的有益策略就是缩小体型，消耗更少的卡路里（这种现象又被称为“节俭表现型”）。荷兰饥荒期间出生的婴儿普遍体重不足。当食物供给恢复正常时，他们看上去都比较健康，但到了成年时，他们常常面临着较高的肥胖症、糖尿病和心脑血管疾病发病率。母亲会通过用激素调节新陈代谢的方式与婴儿进行沟通。需要记住的是，人类之前的生活远比现在艰难，也面临着更多的危机，而有些悲剧性事件反而可能带来好的结果。例如，祖父辈在青春期前经历饥荒的瑞典人患心脏病和糖尿病的比例则不高。生命重新设计自己的方式有时真的很奇怪。

操控表观遗传开关会影响人们的大脑发育、记忆能力以及是否得癌症。具体哪些开关开或关从出生到年老各有差异，随着身体的衰老，我们会丧失很多保护性的细胞功能。人类体内古老的由进化得来的表观遗传设计在努力适应现代生活方式，有些开关有时会在错误的位置发生故障。有趣的是，新近关于啮齿动物的研究显示，改变 DNA 甲基化的药物能够阻断新的记忆形成或者帮助恢复丧失的记忆。我们才刚刚开始学习表观遗传开关传递给下一代的逻辑：有些似乎是随机的，而另一些则传递着事关生死的关键信息。这种信息和特质都有机会最终嵌入人们的核心基因组。

既然环境会影响到我们自己和孙辈的 DNA，我们就不得不考虑新近各个方面的快速变化给人类自身进化带来的综合效应，这些变化体现在我们的居住环境、吃的食物和接触暴露的环境中。表观遗传学作为非常有力的遗传变化载体，可以解开我们的一部分困惑。它解释了为什么那么多疾病，比如过敏症、肥胖症和自闭症的发病率在井喷式增长。故事的重要部分不是我们暴露接触了什么，而是我们的祖父母辈暴露接触过什么。

随着我们改变人居条件的速度越来越快，基因开关被激活、抑制的地方随处可见，这有时可以带来我们想要的结果，有时则不尽如人意，自然与环境在拉锯，战况胶着。我们为什么要关注这些呢？因为它提供了一种快速进化的机制，一种人类——或者说任何物种，都可以用来为未来后代的适应和进化提供帮助的方法。它与当下的环境事件相关联，在这些事件活动中，特质得以在较短的时间范围内继承、传递和强化，而这在达尔文看来是不可能发生的。表观遗传是与随机或主导遗传工程平行的又一条路径。你遗传自父母双方的表观基因组在像你的第二个基因组一样发挥作用。

EVOLVING
OURSELVES

第 12 章

“摧毁”微生物，发起微观战争

大多数历史书是以人类物种为中心来讲述生命的，所以我们从小到大一直认为人类这个物种非常善于制造骚乱、杀戮和死亡。但在整个历史当中，至少在我们谙熟氢弹制造技术之前，人类只能算得上是“业余票友”。到目前为止，战争和冲突导致死亡的最主要原因并不是子弹、炸弹、刀剑、弓箭、石块或者火焰，而是细菌、病毒和寄生虫。感染导致死亡的士兵和平民远多于任何将军的军事策略或独裁者疯狂的命令造成的死亡人数。

军队对于命令、秩序、仪表和隔离的强调绝不是偶然的，也不是仅仅出于审美需要。军事史上常有不洁污物和传染病席卷扫荡军队和平民，导致大量人员死亡的例子。之所以少数西班牙人、英国人和法国人能够如此轻易地征服大片的土地和数以百万计的人口，其中一个原因就是高达 90% 的原住民很可能感染了早期殖民者携带来的天花、钩端螺旋体病、黄热病和其他瘟疫，导致大量死亡。

克里米亚战争直接造成了 2755 名英国士兵死亡，受伤感染使得死亡士兵人数增加了 2019 名，而疾病又导致了 16323 名士兵死亡。美国南北战争中，北方联盟死于感染的士兵人数是死于受南方邦联攻击的人数的两倍。只是在过去 70 年的世界历史中，我们才显著降低了细菌导致的死亡率，这也是非自然选择的一个真实事例。实现这一结果之前，人类以一种真实且可量化的方式打赢了四场有史以来最重要的全球战争——不是人类与人类间的战争，而是人类与微生物间的战争。

人类与微生物间的第一次世界大战：疫苗。疫苗的力量超乎寻常。它们是我们用来向许多微生物发起反击的一种武器，而这些微生物以前在我们身上大肆实践着“自然选择”的规则，可以说，疫苗从根本上塑造了人类文明。在现代，几乎所有人都会暴露接触一些传染病或者人工化合物，这会刺激他们的免疫系统，这背后其实是我们在驱使着一大批微生物走向非自然灭绝。1988 年，脊髓灰质炎令印度——地球上人口数量排名第二的国家中的 20 多万人成为跛子。2009 年，印度因脊髓灰质炎致残的人数占全世界因该病致残人数的 1/2。而到了 2014 年 3 月 27 日，印度官方宣称其国内没有任何一个因脊髓灰质炎致残的人了。脊髓灰质炎病毒目前只在尼日利亚、阿富汗和巴基斯坦境内偶有发现。

脊髓灰质炎病毒不是我们主动选择的唯一敌人。如果你出生在 1972 年之后，你的胳膊或者大腿内侧可能不会有一个圆形的疤痕，而这对于你的父母或者祖父母来说是很常见的。我们现在已经不需要注射天花疫苗了，这个曾经最致命、患病率最高的疾病，已经成了一个历史的注脚。接种疫苗和饮用净水或许是人们采取的成本最低也最有效的方式，大幅降低了婴儿死亡率。

人类与微生物间的第二次世界大战：杀菌剂。对于人类与微生物的这第二次伟大战争，其成功之处再怎么强调也不为过。在约瑟夫·李斯特（Joseph Lister）的杀菌方法成为标准手术步骤之前，去医院做很小的手术往往也意味着死刑宣判。严重骨折往往需要立刻截肢，还会引发后续的大范围感染，其致死概率高达 68%。1915 年，《科学》杂志中的一篇文章是这样描述前李斯特时代的医院的，“充斥着脓臭的味道，满是患者死去后剩下的空病床。手术后清点名册时，报告的死亡率高达 40%、50%、75%、90%，甚至 100%……而现在医院的环境洁白干净，登记表显示病患死亡率很少超过 10%，绝大多数都降到了 5% 以下”。当代许多最知名的外科医生仍在质疑“微生物”的存在会影响手术效果，而这些质疑者的病房几十年来一直都是死亡之室。但即使是傻瓜都已明白致死的原因究竟是什么。而现在我们也不太可能听到曾经很常见的一种说法：“她死于医院坏疽。”

人类与微生物间的第三次世界大战：抗生素。我们已经很少会见到流行病肆虐横行了，而它们曾经非常普遍、极其致命。仅是黑死病就导致 14 世纪中叶约有 2500 万人死亡，1/3 的欧洲人口被扫荡一空。抗生素带来的奇迹发生时，恰逢第二次世界大战真正开始向对盟军有利的一方转折，而那时细菌感染仍远比任何一支敌军都更可怕，导致了更多的死亡。“霉菌汁”（又名青霉素）最初是在一个条件不佳的实验室培养皿里被偶然发现的，它能够有效控制和杀死细菌群落，所以突然间就成了人类对抗感染的“神奇疗法”。

到第二次世界大战结束时，在对抗细菌的战争中，战局也开始发生变化。曾经放倒大量军人的感染性疾病，如梅毒、淋病、败血症等，突然之间都可以被控制了。人类世界在短时间内发生了翻天覆地的变化：第一位美国平民接受抗生素治疗的时间是 1942 年 3 月，在 57 年后的 1999 年，他逝世于纽黑文的一家医院里。

非自然选择的非致病微生物非常有效，同时也带来了很大的副作用。青霉素最初是在便盆和木桶里培养的，数量稀少、价格昂贵。之前很少有有害的微生物接触过这种物质，所以一旦碰到青霉素，这些微生物就几乎都死掉了。在看到这种抗生素这么有效后，我们很快学会了大批量生产，并开始大肆使用。在大规模地毯式“轰炸”微生物群落后，我们逐渐发现个别孤立的微生物具有了抗生素抗药性。接下来，与杀菌剂和疫苗的情况不同的是，我们遇到了灾难。

想一想你看到的抗细菌药皂、漱口水和清洁剂的广告，一般厂家会推销说，如果你规律地使用这些产品，它们能杀死 99% 的细菌。确实如此，但剩下的少量细菌呢？它们成了顽强的幸存者。它们可以抵御特定的抗生素或者抗细菌物质的进攻，而且由于它们的同胞和竞争者已经被一扫而光，这些幸存者有了充裕的空间、食物和光线，它们就会进一步扩散并形成新的群落。它们会迅速地繁殖。那些经常擦洗、杀菌和清洁的地方最容易成为这些残留细菌的温床，人们无意中把医院、游船、一尘不染的厨房和专业运动员的更衣室变成了一些致病菌的进化加速器，这也可以解释为什么你会越来越多地听到有朋友或亲戚患上了“医院获得性感染”。

更危险的是，微生物的基因传播非常快，它们会飞速从一个地方跳到另一个地方。在少数致命的细菌适应了新的有毒人居环境后，抗药性会跨越许多致病菌种群，迅速增强。而且由于它们繁殖速度非常快并分享了抗药性基因，达尔文的进化时间维度被严重压缩。最终，我们与微生物的战争变成了神奇疗法和抗药性致病菌之间的残酷竞赛。

有的时候，人类的贪婪和愚昧加在一起几乎是没有边界的。最初，医生们使用抗生素是因为没有其他选择，迅猛的感染会令患者在几小时内死亡，但又别无良法。最后，我们变懒了，采用过度治疗，没有吃完处方规定的药量就擅自停药。我们不仅给自己、给哭闹的孩子用抗生素，也在给各种动物用。我们甚至还会往水果树上喷洒抗生素，整个地球环境中都充斥着抗生素，这无形中也加速了大规模的抗生素抗药性的出现。

最终，所有类别的抗生素面对有着极强生命力的超级细菌都束手无策。科学家们走遍全世界，在人迹罕至的偏远之地深挖泥土，寄希望于找到天然的、没有应用到医疗实践中的抗生素。研究表明，半合成式复合药物也不管用了，它们同样被过度使用，进而失去了疗效。仅仅在美国，每年就有 200 多万人患上抗生素抗药性疾病。而根据对由此直接导致死亡人数的一项非常保守的估计，每年仅在美国就超过了 23000 例，而这几乎是艾滋病导致死亡人数的两倍。

现在美国一半以上的顺产婴儿在出生时就从母亲那里获得了带有四环素抗药性基因的微生物。微观世界的第三次世界大战还远没有结束。在 2009 年到 2010 年间对 2039 家美国医院做的一项调查发现，20% 的医院相关感染（HAIs）涉及多种药物抗药性微生物。2013 年 12 月，美国开始制定一些宽松的主动性指导规则，逐步限制对动物无差别地使用抗生素，这个举措计划在 3 年之内逐步推行。而许多欠发达国家的情况还要恶劣得多：价格低廉的抗生素摆在药店柜台，任何人出于任何原因都可以买到，这导致了多种药物耐受细菌感染的可怕增长，这种情况在亚洲尤为严峻。

人类在与微生物进行这三次重大战争时，不只是在微生物环境中有选择地治愈少数威胁患者生命的疾病就罢手了，我们在做的是大规模环境工程设计和非自然选择。这么做的假设是，我们能从根本上改变环境和微生物的进化而不必承担任何痛苦的后果。鉴于这些微生物已经与我们共同存在、共同进化了几千年，这个假设挺有趣的。很显然，向微生物宣战确实令我们在降低整个人类的死亡率方面取得了难以置信的成果，但是我们还必须追问，随着人们对这些细菌这样“狂轰滥炸”，结果将会怎样？这些细菌本来赖人类为生，生活在我们体内，也生活在我们周遭的环境中。越早考虑这个问题，我们才越有可能做长远打算。

人类与微生物间的第四次世界大战：抗病毒。地球上病毒的数量要比宇宙中星星的数目还要多一亿倍，而且它们变异和繁殖的速度比任何生物体都快。尽管我们已经在很大程度上驯服了细菌环境，但只是在过去一二十年间，我们才开始系统地理解和应对复杂病毒病原体。艾滋病的流行大大加速了我们卷入这场广泛复杂的斗争的进度。过去，如果有人因为感染病毒病倒了，医生会说：“抗生素是没用的，好好休息，慢慢就会好的。”但随着成千上万的人死于艾滋病，广泛的抗议催生了大量的研究项目，管制约束也日渐宽松。我们的目标清晰明确，就是消灭艾滋病病毒。

就像抗生素一样，最初的策略起作用了。我们通过监督、控制和减少病毒载量，遏制住了艾滋病的增长蔓延，或许我们有一天能够完全消除这个病毒。我们还在向越来越多的病毒宣战，包括乙肝病毒、埃博拉病毒和流感病毒。

但随着我们继续向病毒发动第四次世界大战，随着人们操纵、驯化和强行改变全新的微观环境，或许我们应当反思一下从微观世界的第三次世界大战和滥用抗生素当中我们学到了什么。最初也最重要的一课是，抗生素是一个伟大的发明。今天有更多的人得以延长寿命、繁衍后代，都是因为我们对细菌环境不断采取着非自然选择。但这么做也产生了一定的反作用，那就是抗药性。病毒变异速度非常快，这就是为什么我们每年都需要重新研发流感疫苗，而即使是新的疫苗有时也不管用。这也是我们在同时使用三到四种药物来对抗快速变异的艾滋病病毒的原因。一旦病毒获得了对组合疗法的广泛免疫，它们还会反过头来报复我们。

我们对病毒知道得很少，它们种类繁多、结构复杂，现在的抗病毒药物只针对很小的一部分病原体起作用。我们可能会采取一病一例、挨个尝试每种药物的方式逐一攻克 SARS 病毒、MRSA 病毒、禽流感病毒和猪流感病毒。广谱抗病毒药物还在研发当中，成功尚需时日。这对于那些罹患某些罕见疾病的病人来说是件坏事，但从进化角度来讲或许算不上太糟。

在向生活在地球上的 10^{31} 个病毒发起全面攻击之前，我们还需要学习了解太多关于人类如何在宏观层面进行非自然选择的知识。一旦开始使用广谱抗病毒药物，我们该记得生活在人类肠道中的病毒比细菌多 10 倍，我们对这些病毒的种类，还有它们对于身体健康的作用几乎一无所知。

在开始认真研究病毒生态系统时，我们应该搞清楚三个问题：（1）我们是不是也会杀死很多有用的共生病毒？（2）这些病毒的作用是什么？（3）如何预防超级病毒的产生？即使在今天，在付出了大量科研经费后，科学家也还是在讨论单个病毒，而几乎没有探究“病毒组学”——整个病毒群体与我们的身体和细胞相互作用的方式。病毒群体的规模之大令人瞠目，我们体内和体表生存的病毒数目是人体所有细胞数量的 100 倍以上。如果我们对于与病毒共生的理解仍停留在蒙昧的中世纪，特别是对于生活在体内的有益病毒一无所知的话，一些病毒伙伴很可能成为新一轮药物战争的牺牲品。

现在有数十亿人得以生存，都要归功于我们对微生物发起的几次重大战争和取得的基本胜利。但有时我们也需要反思一下，这种状态其实非常独特。对于人类和动物来说，自然的生活状态应该是在尘埃的笼罩下与微生物共同进化。是人类，而不是环境，重新设计、建构了整个微生物生态系统，以使其适应我们目前的需求。当我们使用苏尔皂液、高乐氏清洁剂、李施德林漱口水、黛而雅香皂、秘密护肤品、清洁大师产品或 Spic and Span 清洁用品时，又或者涂杆菌肽软膏、新孢霉素抗菌消炎止痛膏、红药水、酒精、碘酒时……就在非自然地选择自己的微生物生态环境。

这么做的收益很明显，但也会产生负面后果。没人说杀菌剂、疫苗、抗生素或者抗病毒素是糟糕的东西，我们就不应该发明这些东西。我们已经在这些药品的帮助下取得了巨大的成就，但如此大规模的生物工程化运作有时会带来负面的后果。餐饮和保管业的从业者尤其容易受到抗生素抗药性的困扰。一天洗手超过 20 次会使你感染皮炎的概率上升 2.8 倍。过敏和抗药性的大量暴发或许是又一个征兆，说明我们在重新界定、重新设计与微生物世界的互动关系，而且改变的速度越来越快。对于人类物种而言，微生物和病毒生态系统其实就是我们的一个组成部分。当我们非自然地选择了微生物，我们就在驱动着自身的进化。

EVOLVING
OURSELVES

第 13 章

重写人体内的微生物群落

你可以把下面这句话当作对自己的一句恭维：你是一个共生体。除了人体细胞、皮肤、血液和器官之外，你身体内还携带着一个庞大、多样的微生物群落，它由数千种细菌、真菌和其他微生物构成。事实上，我们体内存在的微生物数量是人体细胞数量的 10 倍以上。科学家才刚刚开始了解驻扎在我们体内的几千克微生物，以及它们是如何影响我们的日常生活的。

你体内全部的细菌基因组对你来说都是独一无二的，它们在你变老、旅行、吃各种食物以及服用抗生素时都在不断变化。你体内的微生物群落对于天气、宠物、季节、朋友、爱人、疾病以及日常生活中的许多其他变量都会做出相应的反应。每个人的基因组和特定细菌之间都有着清晰的相互作用，有着不同遗传因素的人在接触到相同的微生物时，会经历不同的微生物共生过程、消化过程，甚至表现为不同的痤疮、体味以及其他无数的特质差异。微生物群落还与肥胖、心脏病、自闭症、免疫力、记忆力、癌症和衰老相关。生活在你的肠道和皮肤中的细菌群落会通力合作把食物转化为营养物质，帮你治愈创口、抵御并驱离有害的竞争性微生物、制造维生素、分解毒素（当然，还可能会在最尴尬的时候制造出难闻的气味和噪声）。如果没有这些微生物，你将无法很好地生存下去，更不可能保持健康。

居住在你体内的每一个物种都有着自己的遗传基因组。这些微生物群落所包含的DNA基因组数目要远比你的细胞数量多得多。由于你是一个共生体，这些微生物的快速变化也在驱动着你的身体和进化过程的快速变化。因此，我们可以将微生物看作自己的第三种基因组（前两种是核心DNA基因组和表观遗传基因组）。

达尔文对此一无所知。大多数人在10年之前也都对此一无所知。因为绝大多数微生物离开它们的原栖居所就无法存活，所以当科学家们从各种环境中采集微生物样本，并在培养皿里培养微生物群落时，这些微生物群落看起来都很小。这一现象与事实大相径庭，这些很小的部分是那些微生物的子群落，它们适应了环境变化，得以在无菌实验室里面存活并繁衍。要想发现微生物的多样性，你不能在实验室里待着，而要去微生物日常生活的地方，其中一个选择就是去航海。

克雷格·文特尔（J. Craig Venter）[①] 痛恨无聊乏味的感受，他不但爱飙摩托车，收集老式经典汽车，还经常与世界各国政府较量。2000年，他率先完成了人类基因组测序草图，击败了政府间合作发起的“人类基因组计划”。政府间合作的基因测序计划花费了巨额研究经费，采用的是文特尔的技术，最终却在某种程度上刻意贬低了他的工作。最后，这场角逐以“平局”告终，克林顿总统说：“我们在这里庆祝对整个人类基因组的第一次测序成功。毫无疑

① 美国著名生物学家，“霰弹枪测序技术”首创者，讲述其创造新生命形式的重磅力作《生命的未来》中文简体字版已由湛庐文化策划、浙江人民出版社出版。——编者注

问，这是人类绘制出的最重要、最伟大的地图……”

在参加庆典后驱车回家的路上，文特尔百感交集，他既感到兴奋又感到疲惫，还有些如释重负。这场公共合作与私人机构的竞争十分激烈，其中詹姆斯·沃森还指责文特尔是当代希特勒，想要把人类基因组数据占为己有。约翰·苏尔斯顿（John Sulston）是一位杰出的人文主义科学家，他因在器官发育方面的研究工作被授予了诺贝尔奖。苏尔斯顿认为，任何想要为基因申请专利的人都是在犯反人类罪。政府也威胁要改变与基因有关的知识产权认定规则，生物技术公司的股票价格随之暴跌。而宣布打成平手部分缓解了这种局面。政府和文特尔团队所测出的基因组数据实际上都只是一个雏形，还远没有完成。但两队所有的研究参与者都被视为英雄，休战协议暂时达成。

之后的几个月里，文特尔又经历了一些挫折，他被自己创办的塞雷拉基因公司（Celera Genomics）踢出局。但精力旺盛的文特尔并不以为意，他开始思考完成基因测序后科学家该做什么。由于一时没想出清晰的答案，他选择了去航海远行，就像以前遇到困难问题的时候一样。

文特尔之所以是文特尔，不仅在于他会驾驶着 30 米长的帆船出海远行，聚众狂欢，还在于他在科学研究方面的执着精神。文特尔决定开始研究在大海中的微生物。他把一个软管放在船边，采集了几百加仑[①]的海水，然后用泵抽吸海水使其通过细密的过滤网。过滤海水的滤纸有餐盘那么大，文特尔把这些滤纸折叠、冷冻，并运往马里兰州的一个大型实验室。他后来对这些海水样本中栖居的微生物进行了基因测序，就像刚刚完成的对人类基因组的测序一样。

最早的样本是从马尾藻海采集的，那里当时被视为海洋中的撒哈拉沙漠。科学家对那片海域进行采样和研究已经有几个世纪了，按照常理看来，不会再

① 1 加仑约为 0.004 立方米。

发现什么新东西了。传统的研究方式是：采集海水—拿回实验室—在培养皿里培养微生物。用这种方法进行的研究显示，那些海水样本里没有什么生物体。但文特尔知道，绝大多数微生物无法在实验室的人工环境中存活。既然高度敏锐的基因测序设备和大规模计算机已经可以用来破解遗传密码了，他也能用这些设备直接采集和研究微生物的遗传密码。

结果显示，"魔法师二号"帆船带回的前10批海水样本中包含的基因数量是所有物种已知基因总数的10倍。原来，看上去"寸草不生"的马尾藻海实际存在着大量的微生物生命形式。这随后又带来了一系列的问题：有着各种波浪和洋流的海洋就像一个巨大的美食商城，汇聚了所有的微生物，因而各大洋里的微生物物种也都是非常相似的，还是说不同的海域有着不同的微生物群落和生态系统？如果是后者的话，那么这些生态群落有多大，差异有多大？

只有一种务实且有趣的方式能找到上述问题的答案：再度出海航行。沿着达尔文最初的航海路线，文特尔和他的团队再次出发环游世界，他们每隔320千米就会收集一些海水。在接下来的3年时间里，从芬迪湾出发，对抗着汹涌的洋流，穿过巴拿马运河，经过加拉帕戈斯群岛、南太平洋、澳大利亚、非洲和南大西洋，"魔法师二号"上的探险团队一路上经历了海盗、暴风雨以及不知名的疾病，遭遇了许许多多奇闻怪事。挑剔的各国政府则是他们探险中遇到的最大障碍。比如，英国本来已经签发了样本收集许可证，但当探险团经过一些岛屿时，英国政府突然又变得高度敏感，因为英国曾在那些岛屿上进行过核试验。一天早晨，一艘武装直升机出现在"魔法师二号"的船尾，傲慢的突击队队员强行登上了帆船。外交斡旋几天后，"魔法师二号"才得以在一艘战舰的护航下离开。

在第一阶段，"魔法师二号"探险团队就报告了600多万种新的基因，使得蛋白质家族扩充了一倍，他们还描述了百倍于之前的转化太阳光、为生物体提供能量的方式。结果显示，在地球上生活的所有生物中有一半多都是微生物。和树木一样，微生物也在加工处理着这个星球上的二氧化碳和氧气。每隔 320 千米，微生物群落就会产生显著差别。各个大洋内的生物多样性要远超过亚马孙丛林。正如我们所知的，这种微生物生物圈的相互作用对于生命而言至关重要。

随着文特尔的团队越来越熟练地采集、分析和对这些大规模、相互混合的复杂微生物群落进行分类，他们的侧重点从海洋的微生物群落研究转向了人体生态研究。他们研究了微生物与人体在三个层面上的相互作用：你皮肤上栖居着什么生物？你身体中连接内部器官和外部器官的孔腔中生活着什么生物？你体内生活着什么生物？

2006 年，微生物学家克莱尔·弗雷泽（Claire Fraser）和一位严肃务实、精力充沛的非裔美籍科学家卡伦·尼尔森（Karen Nelson）合作写了一篇论文，介绍了人体肠道内栖居着的微生物，以及这些微生物巨大的遗传多样性。结果表明，在大海中发现的微生物多样性远比不上在人类肠道中栖居的微生物，而这才只是刚刚开始。

人类的身体是一个巨大、多样的微生物生态系统。在你嘴里住着的微生物和在你肠子里兴盛繁衍的微生物大不相同。随着越来越多的科学研究结果发表，我们逐渐开始把人类身体的不同部位理解成不同的地理维度，这样就可以更形象地理解与我们共同进化了几千年的微生物生态系统。1 平方厘米的人类皮肤上能养活 1000 万个微生物，这简直就是迷你的沙漠和热带雨林。前臂的皮肤较为“肥沃”，它是大约 44 种微生物的家园，而你的耳朵后面对微生物就不怎么友好了——那块“土壤”里只有 19 种微生物（妈妈说得不对，该去洗的是小胳膊，而不是耳朵后面）。让人大感意外的是，你的左手和右手的微生物中只有 17% 是相同的。为什么呢？想想看，大多数人在用哪只手去握手、取物和拿东西吃呢？

人们体内的微生物群落是从出生起开始形成的。顺产就可以为婴儿提供许多关键的基础微生物，这些微生物占据婴儿的身体后，就开始不断扩张，同时也在帮助婴儿消化食物，促进生长发育。随着出生方法的改变，我们可能也改变了最基本的自我。经由剖宫产出生的婴儿的肠道微生物群则没有那么多样化，其中有很多微生物通常生活在我们的皮肤上。儿童出生时获得的微生物群的差异可以持续很长一段时间，剖宫产婴儿要花一年时间才能具备和顺产婴儿同样的微生物群落种类和密度。即使如此，差异仍然存在，不同的 7 岁孩子的微生物组依然会透露有关他们的出生方式的秘密。

微生物暴露和共生关系并不会在出生后就停止。史蒂夫的一位医生朋友艾米出生在土耳其的安纳托利亚，她是在当地传统的养育习俗中成长的。她刚一出生就被放在了用药草编织的床上，这种草被称为“叙利亚香草”，是一种当地知名的草药，可以用来治疗和预防几乎所有的疾病。这是不是像个传说？或许吧，不过有研究表明，那里的一小块土中就包含着 500 亿个微生物。艾米的许多表兄弟的母亲更传统，她们会在孩子很小的时候把他们包裹在加热后的干土或者黏土里。用这种温暖的土壤将婴儿包裹其中，可以起到尿布的作用，湿了就更换掉。毫无疑问，这种环境是一些代谢氨的微生物的共生家园，不过这种微生物与我们的生活显然已经没有关系了。（你想过在尿布发明之前，你的父母用的是什么吗？）这又是一个清晰的例子，可以说明之前婴儿的微生物世界和免疫系统已经和现在的孩子大不相同了。

我们生来就有免疫力，在出生早期接触获得的微生物也可以提供免疫功能。人们在享受环球旅行和异域美食的同时，有时也会摄入一些新的微生物，它们和肠道中现有的微生物相遇就可能导致各种五花八门的感染，比如墨西哥“蒙特祖马”腹泻、印度“德里”腹泻、“土耳其”腹泻、“开罗”痉挛、“达卡”腹泻、“仰光”腹泻等。而招待你的当地人吃了同样的食物后却完全没有异样。

我们与微生物已经共同进化了很长一段时间，人类肠道中的绝大多数微生物伙伴都很友好，待我们也不错。改变微生物群落会影响我们的生长发育、健康状况和行为。细菌可以制造具有生物活性的化学物质，比如维生素、营养成分和毒素，每当我们获得一些新的微生物种类时，它们之间就会爆发战争。我们体内的微生物还可以分解难以消化的食物，经过分解后，食物剩余的部分就可以转化成容易消化的其他形式为身体提供能量。

尽管绝大多数微生物的变异、适应和与身体的相互作用都是对我们有利的，但仍然有很多“坏虫子”，如果我们能够驯服它们的话就更好了。现代人体内的微生物群落与过去有很大不同，这是一件好事，因为在世界上大多数地方，直到现在连出生这件事情都意味着极度危险。在 20 世纪初时，美国有 1/10 的孩子在 15 岁前就夭折了。卫生设施的改善、接种疫苗、使用抗生素和饮用净水改变了微生物群落，这极大地降低了新生儿的死亡率。截至 2008 年，平均有 99.1% 的美国儿童能活过 15 岁。从 2000 年到 2013 年，全球儿童死亡率降低了 41%。

非自然选择重塑了人体内外部的微生物群落，带来了实实在在的进化后果——改变了我们的身体状况和饮食习惯。我们甚至在和“坏虫子”们一同进化，包括结核病，引起这种慢性传染病的结核杆菌在我们体内已经存活了好多年，从来不会被我们的免疫系统完全杀死，而世界范围内每年都会新增感染病例几百万例。人类免疫系统似乎把结核杆菌当作了一个老朋友，不会去摧毁它们，大多数情况下，这些细菌都是休眠的，静静地待在肺部或其他地方。只有 10% 的时间里它们会暴发，致人死亡，这是为什么呢?

人类进化出大容量的大脑也要部分地归因于结核杆菌，大容量的大脑需要很多能量，而产生能量需要大量的维生素 B_3（又称烟酸）。维生素 B_3 主要来自肉类，但整个人类发展历史中有不少时间里肉非常稀缺，尤其是在寒冷的冬天和发生旱灾的时候。当肉类供应短缺时，大脑就会受损，导致认知能力下降、大脑萎缩、发育缓慢以及其他一些生存风险。根据安德里亚·威廉斯（Adrian Williams）和罗宾·邓巴（Robin Dunbar）[①] 博士的研究，结核杆菌填补了这个空缺，结核杆菌能够制造维生素 B_3，确保大脑的健康发育和正常运作。威廉斯和邓巴发现，当进食不足导致营养不良时，人体内的维生素 B_3 水平会开始下降，这时结核杆菌就会被唤醒开始制造维生素，但当它们繁衍传播时也会使更多的人生病。而当通过饮食摄入的维生素 B_3 水平上升时，结核杆菌又会恢复休眠状态。事实上，维生素 B_3 还曾被用来治疗结核杆菌感染（为了确保很多人能够获得结核杆菌的进化收益，少数得了病的人会“主动对着”其他人咳嗽，以便把细菌传给下一代）。威廉斯和邓巴发现，在从 1850 年到 1950 年的 100 年间，英国人的肉类食用量和结核病的死亡率呈现负相关性。的确，饮食、微生物和人类进化是相辅相成的。

人类的祖先通常一代复一代地生活在同一个区域，吃同样的食物，而我们则在绕着地球交换、“进出口”自己的细菌。美国人 2012 年在旅游上的花费是 8670 亿美元，而全球仅在 2013 年上半年就有 4.94 亿人次进行跨国旅行。我们通过墨西哥玉米脆饼、泰国沙拉和巴塔哥尼亚海鲜往身体内添加细菌，回国后又把这些细菌排放到了污水系统，我们一直在混合、匹配、改变自己体内独特的微生物生态系统。很多人都想知道随着我们与微生物非自然地持续快速协同进化，其有利和不利的后果是什么。科学家对有 5200 年历史的冷冻木乃伊进行了微生物群落测序，并将其与现在人们体内的微生物群落进行对比，结果发现两者截然不同。

微生物的祖先谱系对人类身体健康有着实实在在的影响。图卡瑞斯是哥伦比亚副热带高地上的一座小镇，那里的人们饱受毒品暴力犯罪的侵扰。小镇附

---

① 著名的“邓巴数”的提出者，牛津大学人类学家，其深度理解社群四部曲《人类的算法》《大局观从何而来》《最好的亲密关系》《社群的进化》中文简体字版已由湛庐文化策划、四川人民出版社出版。——编者注

近有一座雄伟的火山，镇上有个小教堂。图马科也是哥伦比亚一座毒品盛行、犯罪猖獗的城市，它位于热带沿海区域。这两个地方都不是热门旅游城镇，但这两个地方对于理解胃癌、微生物与人类基因组的相互作用来说是最前沿的试验场。生活在图卡瑞斯的人患消化道炎症后发展成胃癌的概率是住在图马科的人的 25 倍。

两个城镇都有 90% 多的人携带有同一种细菌——幽门螺旋杆菌，这种细菌往往与胃部溃疡有关。这并不奇怪。人活得越久，被幽门螺旋杆菌感染的概率就越高。50 岁以上的美国人中约有 1/2 都是幽门螺旋杆菌的携带者。发展中国家的这个比例更高。幽门螺旋杆菌盘踞人体带来的损伤，可以告诉我们关于人类历史的很多信息。科学家通过跟踪消化道中微生物的变异，可以发现人类殖民进程的大致趋势，而人类迁徙的各种模式和规模次数能帮助我们了解人类的祖先什么时候离开非洲，又在哪里短暂停留。有些变异细菌会使你更容易患溃疡和癌症。还有一些变异则已经与人类协同进化了很长时间，人类已经基本上驯化了它们。在哥伦比亚的例子中，图卡瑞斯最早的人口是来自西班牙的白人和南美洲的原住民，致命的幽门螺旋杆菌感染则源自欧洲。图马科的人口最早主要来自非洲，和他们体内相对较弱的幽门螺旋杆菌来自同一块大陆。这种身体上的极度差异可以直接追溯到两群人是如何与同一种微生物的不同亚类协同进化的。

如果这项关于哥伦比亚幽门螺旋杆菌的研究结果可以应用到其他疾病治疗方面（已有越来越多的证据显示可以这样应用），那我们就需要重新审视，应当如何诊断和治疗很多疾病，包括过度肥胖。消化道微生物不仅可以让你腹泻，也会影响你的新陈代谢。我们的肠胃中有两大细菌族群在争夺统治地位，肥胖者体内的微生物族群中包含有大量的硬壁菌门，而拟杆菌门的数量则相对较少。对于体重减轻或者做了胃旁路手术的人们而言，他们体内这些菌群的数量比例呈现出了显著的下降趋势。在接受胃旁路手术的情况下，对患者产生影响的不仅是手术本身，还有由此带来的消化道微生物族群的改变，这个理论后来得到了实验的验证和支持。科学家在实验中将瘦老鼠体内的消化道细菌移植入遗传完全相同但体重超重的老鼠体内，仅这一项简单的干预措施就使得超重老鼠的体重大幅下降。这种治疗方式对有些人似乎也会起作用。超重的女性每天吞服两个含鼠李糖乳杆菌的益生素胶囊，12 周后体重减轻了 5.4 千克。有趣的是，接受同样治疗的男性却没有出现体重下降。如果继续研究男性与女性之间的肠道微生物群落差异，我们可能就能明白为什么了。

治疗有害菌艰难梭菌（这个名字简直恰如其分）导致的急性和慢性腹泻的其中一种方法是找到患者的消化道健康的爱人，采集一些两人的粪便混在搅拌器里，然后将一些混合物引入患者的肠道。这种方法听起来恶心无比，却可以重新塑造肠道微生物群落，使患者快速恢复健康，当然这种操作程序也可能会招来美国食品药品监督管理局的干预管制。随着细菌抗药性的逐渐发展，这种重新生成微生物群落的做法可能会越来越普遍。

肠道微生物改变人体健康状况的例子不胜枚举。有些人吃了肉更容易得心脏病，因为他们的肠道细菌把维生素 BT 转化成了氧化三甲胺，而氧化三甲胺会加速动脉粥样硬化。还有些肠道细菌会制造一种酶，可以分解胆汁酸，从而减少脂肪的摄入、降低胆固醇水平。把患癌症的大鼠体内的细菌转移到健康大鼠体内，会令后者患上直肠癌，而抗生素有时能抑制肿瘤生长、减少癌细胞的数目。自体免疫性疾病，比如肠易激综合征、类风湿性关节炎、多发性硬化症以及格林－巴利综合征，都与特定的微生物有关。快餐、肥胖症和胰岛素耐受的关联似乎也与我们的肠道微生物相关。微工程化人的身体带来的后果远不只是体重减轻，人类血管内有多达 36% 的天然化学物质都是由微生物制造出来的，包括神经递质，比如五羟色胺。有些研究人员和临床医生正在尝试研究肠道微生物与精神障碍，比如抑郁、焦虑、自闭、认知障碍以及强迫症的关系。最终我们将会设计出含有特定益生菌的补充剂，来有针对性地治疗各种消化系统疾病和其他疾病。

我们在编辑和改变自身微生物群落的时候，也在改变自己的生活，改变自己和后代的生存状态。细菌群落甚至会影响你的味觉和嗅觉，决定你会与谁约会，进而影响到你的子孙后代。一项 2010 年的果蝇实验研究显示，食物结构相同的果蝇倾向于相互交配，而不去考虑其他果蝇。而一旦这些果蝇开始摄入抗生素，它们就会自由地和其他任何果蝇交配。我们在不断对微观生态系统进行着混合、摧毁和颠覆。我们日复一日地把植物、动物、昆虫和微生物从一个国家迁移到另一国家，把水和空气从一个大陆运输到另一个大陆，让地球变得越来越热。这些做法改变了人类赖以生存的无形的微生物世界。我们创造的环境有利于某些微生物基因，却不利于另外一些。有时我们能预见到这一点，但更多时候我们做不到。

有证据能证明，改变生物族群，甚至是只改变一部分生物族群就会导致快速进化和物种形成吗？金小蜂是世界上仅存的三种胡峰中的一种，它与另外两种胡蜂的亲缘关系十分遥远，相互之间无法通过交配生育后代。导致差异形成的是消化道细菌。有科学家将三种胡蜂放在实验环境中培育，给它们提供相同的食物和细菌，结果三种胡蜂又可以杂交繁殖了。这表明，物种的分化可能与寄居在它们胃里的细菌密切相关。在野生环境中，新的细菌会杀死任何携带来自错误的父母的基因的后代。新的饮食，新的微生物组，新的物种。

微生物的 DNA 扮演着第三种基因组的作用。这是一个庞大的共生基因组，它将遗传与环境结合在了一起。你体内的微生物做或者不做什么，都会影响你和你的后代。微生物聚集了巨大的力量来促进和塑造进化过程。我们一直在忙碌地选择着它们，甚至重新设计这些微生物来适应自己的需要。

EVOLVING
OURSELVES

第 14 章

改变大脑回路，加速大脑演化

安德烈·莱茨基（Andrey Rzhetsky）是一位新一代的生物学家。他出生并成长于俄罗斯的第三大城市新西伯利亚市，后来在芝加哥大学获得了终身教职，担任该校孔特计算神经精神基因组学中心主任，同时也是基因组学和系统生物学与计算研究所高级研究员。他从不畏惧直面有争议和困难的主题，专门研究那些重大、复杂、有争议的课题，比如自闭症蔓延背后的原因是什么。

大多数生物学家的时间都用在了在实验室里做研究，莱茨基则认为已有的宏观数据和微观数据已经足够作为他的研究对象了。他分析了一亿多份医疗记录，试图找出环境变化与自闭症之间的准确相关性。他得出的结论是，自闭症或许是一种程度较轻的大范围化学中毒现象。

我们已经知道，某些化学物质，比如沙利度胺，进入人体后，特别是在像妊娠期这样的关键期进入人体时，会导致胎儿身体部位的严重畸形。莱茨基先是寻找了各种极端致畸的例子，特别是男孩中的例子，因为男孩患自闭症的可能性要比女孩高得多。像阴茎过短和隐睾症这样的疾病在男性人口中的患病率只有 0.27%，但每当找到一群具有这种先天畸形的病例时，莱茨基发现周围社群中自闭症的患病率也比较高。

在世界的某些地方，这种趋势非常令人担忧。在韩国，从 2000 年到 2005 年，男孩隐睾症的发病率增加了 348%。畸形病例在化学园区附近出现的概率要远高于非工业园区附近。在石油化工企业集中的韩国丽水市，平均每一万名新生儿中有 198 例隐睾症患儿，而在春川市只有 11 例。距离这些数据发表后不到 1 年，首次对韩国自闭症患者的大型研究发现，韩国人的自闭症患病率比美国高 3 倍。而实际上美国已经饱受大范围自闭症蔓延的困扰了。

根据莱茨基的相关性研究结果，你越接近某些化学物质的集中地，你就越有可能发现一些带有严重畸形的人群，当地也就越可能有更高比例的人群患自闭症。如果孩子的母亲是保洁人员、服务员、园林工人或者农民，孩子的致畸率会显著增加。如果莱茨基的相关性研究结果正确的话，那么当人们发现严重畸形病例小幅增加时，伴随出现的应该还有自闭症病例的井喷式增加。我们还有必要仔细关注巴西的一些区域，因为那里男孩阴茎短小的发病率非常高，父母的工作与杀虫剂有关或者离杀虫剂比较近的男孩情况更为严重。

现代人类生活的环境远比我们的祖先更为复杂，接触的化学物质也更多样。现在，一个化学专业的研究生一个月就能合成几百种新的化学物质，而以前一个出色的化学家要花好几年才能合成几个新分子。新的化学干扰物质或许正在影响人脑的发育，但因为在人身上进行临床试验观测这些物质的影响有违伦理，而且化学物质的种类繁多且广泛相互作用，我们很难跟踪到究竟是哪些化学物质以什么样的组合形式改变了人类大脑。不过我们确实知道，与成人相比，儿童确实对某些化学物质和药物更为敏感。儿童的大脑在出生后头两年会快速长大，长到成人大脑的 80%，而初始的许多大脑连接都是在妊娠期间或儿童发育早期确立下来的。或许我们日常使用的一些物品，比如家中的衣服、食物和器皿，或者在其他活动当中接触到的化学物质都会对儿童的大脑产生严重的干扰。

从某种意义上讲，男孩就像谚语中所说的煤矿里的金丝雀，特别容易受到恶劣环境因素的影响，包括杀虫剂、塑化剂、性激素类似物、药物、合成分子和其他化学物质。甚至连人类整体的性别比例也会受到这些因素的影响。俄罗斯负责生产或使用杀虫剂的工人时常会接触到二噁英，他们的孩子中男孩的比例就比较低。加拿大安大略省萨尼亚的重工业企业非常集中，那里的男孩出生的比例也相应较低，三个新生儿中只有一个是男孩。一般来说，母亲受大多数化学物质的影响没那么大，对女儿的影响也不大。在美国，男孩被诊断为自闭症的比例是女孩的 4.5 倍。莱茨基主张，由于父母自身和孩子接触到的化学物质越来越多，所以我们应当测量特定的化学物质，来检验这是否是直接或者累积性导致儿童患自闭症的一个原因。

不是所有人都同意莱茨基的观点。也有研究阵营认为，父母改变他们的身体和喂养习惯才是自闭症暴发的主要原因。20 世纪初的时候，美国女性参加工作的比例低于 1/5。现在，这个比例几乎是 4/5。参加工作的女性生育的孩子数量更少，生育时间也更晚。晚孕也是新生儿畸形率攀升的重要原因。许多新手妈妈无法自然受孕，所以服用了很多合成激素。2009 年时，美国有 6% 以上的新生儿出生是母亲接受排卵治疗的结果。过了一定年龄后，女性的身体就会提示，“此时生育已经太晚了”。而这时使用某些化学物质帮助怀孕，可能会影响婴儿的大脑发育，产生副作用。类似情况也发生在一批年过六旬的男性身上，这些散发着阳刚气概的老男性开着簇新的敞篷车，挽着年轻的妻子，他们当父亲的时间也比较晚。这个选择并不聪明，因为他们的精子平均每年会累积增加两个新的突变。这些不利因素加在一起，就可能导致孩子们更有可能罹患自闭症、精神分裂症和认知功能障碍。

还有的自闭症研究主要关注胃部疾病。许多患自闭症的儿童似乎特别容易得胃部疾病。但这与大脑发育有什么关系呢？唉，“肠子本能”（gut instinct，在英文中指的是不加思考凭直觉的意思）看来是绝对存在的。一项奇特的解剖学研究分析了分布在人体消化道内的神经元数量和连接。至少有 5 亿个神经元从你的喉咙一直延伸到了你的……呃，后端。肠道神经系统的存在意味着你有约 6.6 个老鼠的大脑位于头盖骨之外，它们会告诉身体应该做什么、吃什么，该做出何种反应。这就好比有一个非集中化的大脑在帮助你选择食物、消化和排泄，但是这个肠道系统的重要性远不仅限于食物。消化道的神经元产生的多巴胺数量和大脑产生的一样多，而这种重要神经递质有助于控制身体的奖赏愉悦感受器和情绪反应。此外，你体内有多达 95% 的五羟色胺待在肠道系统里，这种神经递质可以抑制食欲、控制性行为、减轻疼痛感。腹腔疾病导致的孩子患自闭症的概率会提升 350%。综上所述，肠道神经系统被扰乱时，后果可能非常严重，其中就包括自闭症患病率的提升。

各种干扰早期神经发育的其他因素也可能导致自闭症。如果女性在怀孕前三个月中因感染病毒而住院，那她所生的孩子患自闭症的概率会增加三倍。但奇怪的是，有些社群饱受感染性疾病的困扰，其成员的自闭症发病率却很低，炎症性传染病的部分原因可能是我们大部分时间生活在经过消毒处理、一尘不染的环境当中，而我们自身的免疫系统与细菌和寄生虫斗争的机会则越来越少了。除了这些解释外，抗生素、遗传变异、看电视时间过长、早产、同型择偶、过度肥胖等也曾被用于解释自闭症的病因。

不管上述哪种解释，或者哪些解释结合在一起被证明是正确的，这仍留给我们一大堆开放性的问题：人类是如何迅速改变后代的大脑回路的？是累积性地暴露于越来越多种不同的化学物质吗？祖父母和父母接触到的化学物质真的会影响到孩子吗？是因为一代代人持续接触低剂量的化学物质，我们体内累积了对这些毒性的“记忆”，所以才会把一批获得性的非遗传突变传递给自己的孩子吗？对于这些问题，我们还没有找到答案。我们知道的是，人类要对自闭症这个“流行病”负责，而我们的孩子的大脑进化得非常快。

EVOLVING
OURSELVES

第 15 章

认识与改造病毒

除了已经去世的伟大微生物学家卡尔·乌兹（Carl Woese）外，没几个人可以说自己发现了整个新的“生命分支”。生物学家多断言生命只有原核生物（细菌）和真核生物（绝大多数其他生物）两个分支，而乌兹最早提出了异议，他认为还存在更古老、更原始的早期生命形式，但这个主张遭到了大部分同事的嘲笑。

这些更古老的早期生命形式被称为古细菌，现在被认为是地球上一些最古老的生命形式的后代。我们真正的祖先不仅可能是住在树上的矮小古人类，也可能是曾经生活在类似于沸腾电池酸液里的喜好硫黄酸的生物。它们更适应于炎热、腐蚀性很强、变动也很剧烈的环境。在知道自己要找什么之后，我们发现这类生物随处可见，特别是在那些极端环境中——火山口附近、硫黄和柏油坑里、间歇泉中、南极以及海底热泉口。

地球上生命的进化历经了多个地质时期，从酷热地狱到冰冻雪球，从对古细菌而言十分友好的甲烷大气层到充满“有毒”物质——氧气的大气层，生命也在随之不断进化。乌兹和他的同事奈杰尔·戈登菲尔德（Nigel Goldenfeld）在研究微生物进化时，比较了进化变异标准比率和时间表，得出了惊人的结论：孟德尔－达尔文式的垂直“树形”进化论（一个物种引发另一个物种，继而进化出又一个物种）有部分是不正确的。乌兹和同事是基于一些简单的数学原理提出论点的：在微生物统治的世界里，所有的生命不可能有足够的时间以一种单一的遗传密码，围绕一种基础遗传配置来趋同进化。

我们知道，所有的生命都是由 DNA 的四个字母（碱基）编码的，但在化学意义上却不见得必须如此。还有许多其他的化学物质也可以承担传递遗传特征和编码进化过程的功能。有多种方式可以使生命编码稳定下来并复制繁殖，而且在我们这个有着光合作用、富含氧气的世界出现之前还有过有着完全不同的环境、气候和化学条件的世界，很可能也有其他的基本生命语言曾经出现过，它们拥有着不同于 DNA 和 RNA 的生命密码变异形式。乌兹提出，优化、统一生命编码并使之免于出错的唯一方式不是经历缓慢的进化过程，而是经历大规模的基因横向迁移——遗传物质从一个物种直接向另一物种转移。没有混乱的性，不必担心相容性，只需调换、启动即可。

在乌兹的模型中，进化过程不仅伴随着新一代每次的出生，将父母的 DNA 混合在一起（经典的垂直“树形”进化），进化还是一个连续分布式的横向过程，其间还有病毒不时地插入其中，改变我们的 DNA 编码。在这个世界中，连续插入、删除、压制和激活新基因的主要因素不是核心的基因编码，不是表观基因组，不是微生物群组，而是病毒。其意义在于，一个极其微小的东西——一个病毒、一包不能独自生存和繁衍的 DNA 或 RNA，介乎一些简单化学物质集合和一个活体细胞之间的东西，才是进化的开路先锋。这还意味着，只有在发生一次病毒导致的大规模横向基因迁移后，进化过程才会沿着垂直基因迁移机制（遗传）运行，而传统的达尔文主义遗传学家描述和捍卫的只是这种垂直机制。

我们生活的世界中充满了病毒，只要有宿主物种存在的地方就有病毒。病毒可感染所有的物种并生活在其中，从细菌到蓝鲸到红木。一升海水中有大约 100 亿个细菌，而伴随着它们的还有 1000 亿个病毒。下次你误吞海水的时候想想这个数字吧。土壤和你手上的灰尘中都生活着很多病毒。病毒会在你的身体内外不停地穿梭。每一天中，你体内的病毒数量是你体内细菌数量的 10 倍以上。

人类身体上的病毒组有几万亿个，都生活在我们的细胞内外，此外还有更多的病毒待在我们体内的细菌当中。对于病毒组我们所知甚少，它们就好像“自然界和人类身体内的暗物质”。我们知道它在那儿，却很难描述它，也不知道它在做什么。人类病毒组可以说是我们的第四个基因组。它直接或间接地与我们的其他三个基因组相互作用着。就像你的基因组、表观基因组和微生物组一样，你的病毒组也是十分独特的。病毒生活在我们的肠道、口腔、肺部、皮肤，甚至血液中，后者是我们新近才发现的。但别担心，既然大部分人都是健康的，这就说明病毒组一定是良性的，我们与病毒相互依存、共同生活了几千年，病毒组一定给了我们一些收益，只是我们还没完全理解。

病毒也是 DNA 变异比赛中的冠军。2013 年，一项关于人类肠道病毒组的研究跟踪检测了一个人体内病毒的种类、数量和变异情况，结果发现，其中有 478 种相对普遍的病毒，而绝大多数以前都没有识别出来。大部分病毒都是噬菌体，就是可以感染细菌的那类病毒。80% 的病毒在两年半的观察时间中都存活着，但它们都变异了，变异的速度各不相同。有些病毒变异得非常之快，以至于后来它们都被认定为新的物种了。

病毒这个无处不在的闯入者，是人类快速进化的重要组成部分，它们携带、交换和修改着 DNA，从一个细胞到另一个细胞，从一个物种到另一个物种。它们在各个层次上都在驱动着进化，包括细菌、植物、动物和人。最好的一个例证就是抗菌抗药性基因从一个细菌传播到它的所有同类，再传播到所有类型的细菌，传播到其他所有地方。一旦一个微生物身上出现一次有益突变，病毒就会协助其把这个变异迅速传播到整个微生物群落，甚至更广的范围。

一个喷嚏会喷出 4 万个小水滴，每个小水滴中都包含多达 2 亿个病毒，这些水滴会以时速超过每小时 300 千米的速度穿过整个房间。病毒怎么能创造出这种方式让我们通过打喷嚏将其传染给新的人，真是令人惊叹。当你呼吸、接触这些水滴时，它就进入了你的细胞，进而开始繁殖，释放出几万亿个自身的复制体，然后接管其他细胞。有时候病毒 DNA 会把自身嵌入人的 DNA 里，在那里潜伏下来，或者在你最不需要的时候活跃起来，导致口唇疱疹不停复发，或是早已痊愈的水痘处泛起疱疹，甚至是诱发癌症，特别是在我们的免疫系统变得虚弱的时候。这种情况的一个典型例子就是免疫力低下的艾滋病病人身上长出卡波西肉瘤。在有些情况下，病毒还能嵌入精子和卵子的 DNA 里，然后传递给下一代。

病毒入侵有机体后，假以时日，可能会发生三种情况。第一，病毒杀死有机体（例如埃博拉病毒或者 1914 年的流感病毒）。病毒导致的传染病杀死了数百万的人、动物、昆虫、植物和细菌，最后的结果是病毒可以继续感染的宿主越来越少，最后病毒也逐渐消亡了。第二，身体杀死病毒，病毒停止传播。第三，病毒和宿主物种协同进化，比如人类。随着病毒的毒性减弱，宿主的免疫系统也就不再去攻击它了。目前，我们了解得最少的是第三种情况，即人与病毒的共生。这主要是因为研究人员一般会把精力放在那些传染性极强的有害病毒上，而要研究其他病毒则很难拿到研究资金。第三种情况部分地解决了人类快速进化的难题。全新的基因或者基因变异体总是来自入侵人类基因组的病毒。人类整个基因组中至少有 8% 的序列的源头是病毒。10 多万个逆转录病毒 DNA 片段嵌在我们的核心基因组里，在那里它们已经复制传播了几千年。这些病毒绝大多数都是不活跃的逆转录病毒，它们待的区域我们仍不太了解，所以又被称为基因组的“垃圾区域”。但当环境变化时，这些残留的基因编码就会再度出现。

未来几年，更便宜、更准确的基因测序技术将揭开病毒组的面纱，我们身体内的“暗物质”将得到仔细研究和解剖式分析。所以，请静候有关病毒组如何影响人类健康和疾病的突发新闻和例子吧。我们还将看到更多的抗病毒药物，对这些药物我们也要小心利用。总而言之，病毒组在帮助我们了解人类的改变和进化方面起着很大的作用。

EVOLVING
OURSELVES

第 16 章

用精准的控制手段辅助生育

当史蒂夫和斯蒂尼夫妇从女儿艾米莉和女婿亚历克斯那里听到“好消息！我们要有孩子啦”时，世界仿佛瞬间停滞了，他们喜极而泣，高兴地尖叫起来。这可是他们的第一个外孙！

接下来的两个月，他们家所有人都沉浸在孩子即将出生的喜悦当中。接着感恩节到了，史蒂夫的女儿听说我们正在撰写这本书时，就好奇地问他：“那太有趣了，这本书能告诉我些什么吗？我可不想只是了解那些解决不了的问题，给我们一些指导吧。”

史蒂夫已经做了很多研究，但也确实不知道有什么建议可以告诉他最珍爱的女儿，更不用说给其他人建议了。他心怀焦虑地度过了很多个夜晚，心里想着女儿的特殊情况，还颇有些神经过敏地去查阅各种资料，希望在那些已经发现的浩如烟海、模糊又冲突的研究结果中找到一些有用信息。

在艾米莉怀孕的过程中，有个不太自然的选择已经起了作用：这个孩子并不完全是自然的创造，而是因为克罗米芬，一种在这次受孕中起到了关键作用的生育激素。这与达尔文生活的时代是不同的，事实上，那时候如果两种动物不能交配受孕繁殖后代的话，就会被视为它们之间存在物种隔离。史蒂夫可不打算把他的女婿叫作非人物种，所以他就不得不接受一个略微有些不自然的选择，就像几百万个将要成为祖父母的人那样。

继续回到生育孩子的问题，我们能给这对充满期待的、年轻的准父母提些什么样既睿智又安全的建议呢？他们面临的选择有什么？一个可选项是他们可以利用超声波技术提前获知孩子的性别，而在达尔文的时代是没这个选择的。尽管如此，很多父母还是决定不去提前获知婴儿的性别，这样做不是为了避免在亚马逊网站上预先狂购粉色的女孩商品或蓝色的男孩商品，而是因为选择等待似乎很有趣、很神秘，现在大家都流行这么做，而且获知性别与获知婴儿的健康状况无关。

除此之外，他们还可以选择提前获知婴儿的四种基因组正常与否。在基因组方面，艾米莉和亚历克斯这对新手父母倾向于去做一次 DNA 测序，来筛查罕见的隐性遗传疾病。如果父母双方都携带的话，某些会导致遗传病的隐性基因就会显现出来。艾米莉去做了那种收费 100 美元的自愿血液测试，结果是阴性的，这样一来亚历克斯就不用去测了，因为那些疾病的发生需要父母双方都是携带者。

但对于婴儿的核心基因组而言，这项检测足够靠谱吗？或许他们应该考虑花上几千美元对婴儿的全部基因组进行测序。这样一来，他们面临的问题就变成了应该在孩子出生前做还是出生后做，如果是后者的话，具体什么年龄做？根据当前最新的研究发现，史蒂夫给这对准父母提供的建议是，让孩子在出生前接受基因测序本身可能会比测出的实际结果还要让人感到焦虑和困惑。不管你是谁，不管你的父母是谁，即使你是卡尔·里普肯（Cal Ripken）的后代，你也会有与生俱来的遗传缺陷。对于这些绝大多数潜在的缺陷和它们的真实风险，我们仍然所知甚少，无法做出真正智慧的选择。例如，针对整个基因组的一项研究发现，数百名身体绝对健康的成年人会携带大约 400 个有害的 DNA 突变。这些突变理论上是会致病的，但在这些人身上并没有显现出来。因此，我们对于基因组测序的结论是："略过吧，爱怎样就怎样！"基因组测序（或称生物信息数据解读）的发展尚处于初级阶段，不相干的信息无处不在，它们都只会无端分散你的注意力。

随着基因组学的不断发展和标准化，相关检测的成本也在持续下降，艾米莉和亚历克斯的孩子肯定会在晚些时候进行基因测序。如果一个家庭的可支配收入很充裕的话，他们的孩子在出生后很快就可以收到一份基因组检测报告，这份报告就相当于这个婴儿的第一张全息照片。未来，早期基因测序将成为常规流程，特别是当我们开发出更先进的技术辅助诊断和治疗时，或许我们还将根据探查到的遗传缺陷做出相应的"修订和设计"。

由针对儿童的遗传工程设计所引发的伦理困境正变得越来越复杂。有些争论相对直接易懂——如果能通过基因编辑预防孩子患上亨廷顿舞蹈症，那我们确实应该这样做，因为这种疾病是致命的。黑蒙性家族性痴呆也是如此。但随着我们逐渐掌握编辑生命密码的技术，将这样的技术应用于改善人们的长相或运动能力可行吗？幸运的是，人们还没有发现任何遗传变异与此相关，所以到目前为止还没有可供改善外表或者提高运动能力的安全备选方案，也没有针对青少年的基因治疗。

那这个胎儿的微生物组方面怎么样呢？在怀孕中期，艾米莉被告知她可能需要剖宫产，因为胎盘的位置不太理想。有近 1/3 的美国新生儿是通过剖宫产的方式出生的。这种操作方式可以最大程度保障母婴的生命安全，但在自然界，没有任何其他的哺乳动物会专门对雌性做手术来帮助幼子出生。人们常常担心这种常用但非自然的引产方式会带来长期进化方面的不良后果，因为剖宫产这种方式被大大滥用了。美国各地的剖宫产率差异极大，某些情况下是7%，而另一些情况下则高达70%。这恰恰说明这种操作方式的使用并不仅仅取决于情况的紧急程度，不同的风俗习惯、审美、优先取舍，甚至保险偿付都是人们决定是否采用剖宫产的影响因素。这样看来，我们该建议艾米莉怎么做才能帮助婴儿发展出正常的微生物群落呢？幸运的是，亚历克斯是一位医生，他已经想到了一个"显而易见"的解决方法：有些类似于粪便移植，也就是移植一些不同类型的微生物群落，这样婴儿就能够具有完整齐全的初始微生物群落了。将来，把母亲的产道微生物群落移植到婴儿身上或许会变得非常流行，但现在，我们需要让产科医生或者助产士（以及美国食品药品监督管理局）来完善这些细节和提出可行的建议。事实上，研究新生儿微生物群落的领域不断出现新的研究成果。一项2014年的研究发现，母亲怀孕期间胎盘包含的微生物群落类似于她们嘴巴里的微生物群落，这些微生物群落会由母亲传递给婴儿。子宫内并不是一个清新、无菌的世界，相反，大自然已经找到了聪明的方法，甚至可以在婴儿出生前就将第三种基因组提供给他。

接下来我们来看看婴儿的表观基因组。未出生的婴儿会不断从外部世界接收"信息"。科学家了解到，导致表观基因组开启基因开关的一些主要诱发因素包括食物摄入、有毒物质、感染、药物和压力。情绪上或生理上的压力包括工作上的最后期限、家庭中的种种问题、战争、饥荒等。一个充满爱和支持的家庭及舒适的环境对母亲和孩子都会有好处。

母亲应当远离香烟、有毒烟尘和绝大多数保健类药物和处方药，不仅是因为这些东西会对未出生的婴儿产生影响，还因为它们对未来的孙子一辈也会产生表观遗传方面的影响。子宫中的婴儿，无论是男孩还是女孩，都会发育出最终成为精子或卵子的细胞，这些细胞将继续发育为下一代。由此可见，正在发育的胚胎遭遇的表观遗传厄运可能会嵌入下一代的遗传蓝图中。

这并不是说只有母亲需要额外关照，事实上，父亲往往携带着绝大多数基因变异，而且精子中也保留着表观遗传记忆，所以父亲在受孕前几年也应当保持健康，不要接触有毒物质。史蒂夫并没有及早认识到这一点，否则他会像任何一个父亲一样，可能在亚历克斯和艾米莉开始约会的时候，就给亚历克斯佩戴一个跟踪装置。

在分娩前和分娩后，一个需要持续关注的问题是总体的化学物质接触率。例如，双酚 A 是一种会干扰内分泌的物质，它的结构与雌激素相似。在绵羊身上，它会影响绵羊的生殖健康，导致绵羊患雄性激素过多症的概率增高。在怀孕前接触双酚 A 的老鼠，它们的第二代、第三代甚至第四代幼鼠都会焦虑不安、神经过敏。但现在美国食品药品监督管理局和许多国家的药品监管机构仍旧允许人们广泛使用双酚 A，并认为它是安全的。双酚 A 在婴儿奶瓶和相关婴儿产品中的用量已在逐渐减少，这要部分地归因于消费者不愿购买含双酚 A 的婴儿产品，宁愿为孩子的安全考虑多付一些钱。尽管如此，日常生活的塑料产品、罐装食品以及热感应购物小票（就是你在食品杂货店拿到的那种单据）中还是含有大量双酚 A，它们还在不断地散逸到环境中。93% 的美国人身体内都含有双酚 A。如果双酚 A 的跨代遗传性也发生在人类身上的话（这还没有被证实或证伪），多代人均暴露于这种化学物质中，假以时日，我们根本无法预测这会对子孙后代产生什么样的影响。

对一些患病率突然攀升的疾病，比如哮喘和过敏，在考虑其诱因的时候，我们也有必要思考一下过去对杀虫剂、塑化剂、涂料、有机物、燃料和地下水还没有制定任何管理办法时，实际已经产生和遗留的潜在影响。人们在几十年前可远没有现在这样小心谨慎，而我们今天就是要承受当时大意的后果。要确定哪些物质怎么组合和要有多大剂量就会对准妈妈和胎儿的健康产生影响是非常困难的。如果飞机的舱门上写着这样的警告标识："这个区域可能包含有害的化学物质，根据加州政府制定的标准，这些物质可能会导致癌症、新生儿缺陷和其他一些生殖系统损害。"你看到后会怎么做？你到宾馆、加油站、餐厅也都可以看到这种标识（更不用说在医院的急诊室入口了，而艾米莉在怀孕 6

个月的时候还因一次轻微车祸被送到了那里）。即便我们现在去检验那些被认为最可疑的有害物质，其实也没什么用，因为这些物质往往已经被更现代的化学物质取代了。

对于有毒物质来说，进化过程是非常实用主义的：反复试验，如果你吃到了有毒的东西，你就死了。适者生存意味着只有具备了恰当的嗅觉、味觉感受器，你才能活下来。孕妇早晨时感到恶心想吐的现象就是一个自然提示器，这样可以避免在怀孕早期吃到有毒的食物，因为那时的胎儿尤其脆弱。问题在于，当我们开发出非自然的化学武器，或是自然界非常稀少的浓缩物质时，比如辐射和重金属，我们没有时间进化出相对应的感受器或反应机制。我们可能会逐渐中毒，而身体并不敏感，也不会做出反应。我们现在能做的是，让孕妇和孩子远离工业化学物品、氡、清洁产品、染发剂以及任何闻起来、尝起来、看起来、感觉起来不自然的东西。我们需要迅速开发出新的技术，比如“器官芯片”，用来快速、低成本地检验化学物质对人体组织的影响。

在怀孕期间，艾米莉遇到了另一个现在 10% ～ 20% 的准妈妈都会遇到的困扰。在怀孕 6 个月的时候，她的医生发现，尽管艾米莉体重正常，却患上了妊娠期糖尿病，这种疾病只会在孕妇怀孕期间出现。艾米莉的血糖和胎儿的血糖在每顿饭后都会骤然上升。可怜的艾米莉成了一个不断增长的趋势中的又一个统计数据。一项加拿大的研究显示，孕妇患妊娠期糖尿病的比例从 1996 年到 2010 年翻了一倍。艾米莉开始一天监控四次血糖，调整碳水化合物的摄入，就连准妈妈庆祝聚会上的蛋糕也不得不忍住不吃。如果妊娠期糖尿病得不到有效控制，就会导致新生儿超重。在剖宫产手术出现之前，许多超大的婴儿和他们的母亲都会因此死于难产，这样一来他们携带的糖尿病基因的基因组就会消失。

营养物质修改了我们的表观基因组，这既会带来好的一面，也会带来不好的一面。生命早期的营养不良会影响儿童的表观基因组，导致伴随他们终生的健康问题，而这些问题大多与遗传背景或父母的体重无关。由于饥荒、饮食失调或情绪压力，子宫中的胎儿往往会面临卡路里摄入不足的问题，尤其是蛋白质摄入不足，这些胎儿出生时常常体重过轻，而如果出生后获得了足够的卡路里，这些孩子在儿童早期时的体重又会“涨回来”，甚至变得肥胖。如果母亲怀孕前摄入的营养不足，这些信息就会通过表观遗传标记传递给婴儿。在老鼠身上，记载着母体营养不良的表观遗传信息会被传递给雄性幼鼠，而这些幼鼠长大后又会通过自己的精子继续传递信息，结果就是它们的下一代更容易肥胖和患Ⅱ型糖尿病。

表观遗传学的生物化学作用中涉及许多维生素和营养物质，包括维生素 B_{12}、维生素 B_6、蛋氨酸、胆碱、甜菜碱、萝卜硫素和白藜芦醇。这些在平衡的饮食结构中都是可以足量摄入的，一般不需要再吃额外的补充剂，吃多了还有害。但现实是，所有的母亲都被建议在孕前服用维生素，这其中通常会含有DHA，而DHA被认为可以促进婴儿的大脑发育①。史蒂夫查看了艾米莉服用的维生素，发现标签上确实注明有 DHA。

绝大多数营养补充剂并没什么用，有一个例外是叶酸。叶酸对于表观遗传 DNA 甲基化（控制表观遗传开关的重要机制）起着非常关键的作用，它还有助于预防新生儿大脑和神经中枢发育缺陷。动物研究显示，叶酸还有助于消除一些污染物质对胚胎发育的影响。因为许多准妈妈体内的叶酸水平比较低，1996 年，美国国会立法强制要求在早餐谷物食品中增加叶酸的含量。一般来说，新鲜蔬菜和水果，以及没有添加太多糖分的谷物食品，仍旧是最好的表观遗传开关诱发因素。

人们通常都会处于不同类型、不同程度的压力环境下。当母亲的压力反应被激活时，她体内的激素分泌量就会骤升，特别是皮质醇这种“压力激素”。这种激素会穿过胎盘，直接作用于正在发育的胎儿，同时开启胎儿的表观遗传

① 一项针对因纽特人婴儿的研究结果显示，DHA 可能会对智力增长有帮助。

开关，传递类似“小心啦！这里非常糟糕”的信息。任何特定压力源的影响效应既取决于它的发生时间，比如是在怀孕早期还是晚期，也取决于持续时长和严重程度。严重的压力会延缓胎儿的发育，破坏大脑形态，影响性别分化，甚至加速衰老。急性压力一般可以增强免疫力，而慢性压力则可能会压抑免疫反应。有趣的是，大自然已经赋予了婴儿一些对抗过多压力的防御机制。胎盘中有一种酶可以限制胎儿从压力较大的母亲那里接收到的皮质醇的数量，但这种酶的活动在不同胎儿个体之间是有差异的，而且这种效应在吃了黑甘草之后还会消失。

艾米莉生活在和平且生态环境很好的帕洛阿尔托市，各种资源都很充裕，所以她没有经历什么严重压力。但作为刚刚怀孕的现代女性，她既要保持自身工作的正常运转，又要适应她充满活力的医学博士丈夫开着直升机飞来飞去，时常不在家中的生活，也会面临一定的轻度压力。压力会激活或者抑制激素分泌系统，而胎儿能感受到这种影响。有着几千年发展历史的瑜伽和冥想被证明可以有效缓解压力。未怀孕的健康成年人每天做 10 ～ 20 分钟的放松练习就可以促发基因层面的有益变化，包括改善新陈代谢和染色体的健康状况，抑制炎症反应。在怀孕期间做适量的放松练习则可以缓解焦虑，也会有助于孩子语言技能的发展。爷爷奶奶们，如果你们想帮助儿孙减少压力，就把视频网站上有关猫的搞笑片段发给他们吧，毕竟“笑一笑，十年少”。

一个非常有趣但还没有被回答的问题是，压力过少是不是也是有害的？母亲的免疫系统和激素系统经历了几百万年的进化。之前，人类的生活就像霍布斯所描述的：危险、严酷、短暂。而现在，虽然说我们仍面临着很多挑战、风险和压力，但对于绝大多数人来说，过去人类社会所经历的平均水平的变动、恐惧和暴力都已经很少见了。在消除了物种生存所面临的所有障碍和压力之后，可以想见，人类一定会发生很大的变化。许多个体过去可能不会被纳入基因的自然选择中，现在则可以生存下来，繁衍后代。适者生存仿佛成了过时的思想，更多的基因组得以代代相传。这或许可以解释，子孙后代在我们的眼皮底下正在进化成一种不同于我们的新物种。

随着出生时间的临近，史蒂夫开始思考这个外孙的微生物组。婴儿的肠道微生物组在整个发育早期都在发生变化，与此同时，免疫系统也在不断地学习完善。在刚出生的第一年，婴儿的免疫系统会根据饮食结构的变化做出相应的调整，并在大约 9 个月的时候逐渐稳定下来。加拿大的一项研究显示，经由剖宫产出生且依靠配方奶喂养的婴儿，其粪便中的微生物与那些以传统方式出生和喂养的孩子相比，有着很大的差异，尽管这些婴儿都是在同样经过消毒处理的医院环境下出生的。

接受母乳喂养的孩子更少生病，患过敏、哮喘、腹泻、耳道感染和肺炎的概率也更低。母亲自己也会从母乳喂养中得到好处，进行母乳喂养的母亲患卵巢癌和乳腺癌的概率更低。一项对猴子的研究显示了母乳中发生的专门化配置营养的过程：幼猴出生后，母乳会根据其性别需求做出调整，给雄性幼猴提供的母乳中含有更多的脂肪，而给雌性幼猴提供的母乳中含有更多的钙。对奶牛来说也是如此。那人呢？很遗憾我们现在还不知道。但一个合理的推断是，从进化上讲，人的乳汁也会做出同样的调整。关于乳汁还有一点要说的是，由于我们新形成的都市化的、家庭中心化的生活方式的负面作用，母乳喂养的孩子往往需要额外补充维生素 D，因为他们的母亲生活在室内，还使用防晒霜。

在刚出生的 18 个月中，婴儿肠道内会有两种主导性微生物群落竞争统治地位。正如你所知的，这种观点并不是说要把所有微生物都排除在外，而是倡导要保持恰当的组合和平衡。你喜欢吃黑巧克力吗？如果喜欢，那可能是因为你肠道中的双歧杆菌也喜欢黑巧克力，它们可以把黑巧克力转化成对抗炎症的化合物，从而保护你的心脏。一项研究表明，在怀孕期间每天吃巧克力的母亲生出的婴儿到六个月时具有更积极正面的气质性格。你喜欢吃或不喜欢吃什么确实会产生不同的影响，尽管有时该感谢或该指责的是你体内的微生物。

外部的微生物接触也会产生影响。正如前面提到的，伴随农场动物一起长大的儿童出现过敏症状的概率更低，这种现象被称为“农场效应”。婴儿的免疫系统会在日常训练中了解什么是无害的——食物、宠物、花粉，这样就不会草木皆兵地把这些物质当作需要摧毁的致病菌去攻击。而如果他们生活在洁净、过度消毒的环境中，就更有可能会患过敏症。接触外部微生物的时间和数量也很关键。目前我们认为，怀孕时避免住在农场里是比较合理的，但婴儿出生后能养个宠物陪伴在他身边会更好。

婴儿体内的微生物组构成还可能会调节大脑发育和功能。体内缺少微生物的老鼠会表现出更为活跃、焦虑等行为和性格特质，这都与大脑中特定的基因活动有关。一些益生菌可以缓解老鼠的焦虑，降低其血液中压力激素的水平。那急性腹绞痛呢？这种会让婴儿啼哭不止，让父母束手无策的消化系统急症是因为肠道细菌和饮食结构不匹配导致的吗？早期未经完全证实的研究发现，与服用安慰剂的婴儿相比，意大利的新生儿在服用 90 天的罗伊氏乳杆菌 DSM 17938 后，每天哭的次数更少，吐奶和拉稀的次数也更少。鉴于人的微生物组和表观基因组这么重要，你会不会也想检测分析一下自己小孩体内的相关指标？很遗憾，相关技术还不完善，分析方法也不够严谨，无法做出准确完善的解释，而不当的分析结果会带来很多疑惑和担忧，特别是在绝大多数婴儿生下来都很健康的情况下，这种做法可以说是不必要的。

但如果你想让孩子长大成人后可以回顾过去的话——“哎呀，我婴儿时期的表观基因组说明我爸妈喜欢聚会狂欢”，或许可以选择从孩子的脐带和尿布上提取一些 DNA，然后进行深度冷冻。

经过许多个像书呆子般讨论研究的夜晚，史蒂夫迎来了宝贝孙女埃斯梅，孩子正常顺产，非常健康，有 10 个手指、10 个脚趾，基因组、表观基因组和微生物组也似乎都很正常，其中微生物组还带来一种只有新手妈妈才会喜欢的香味。埃斯梅喜欢吃樱桃味的维生素补充剂，艾米莉吃了足够的坚果和天然食物来训练埃斯梅的免疫系统了解哪些是友好的食物。埃斯梅也喜欢和友爱的宠物待在一起，这些宠物不可避免地会带给她一些它们自身的微生物。每当出去旅行时，埃斯梅还会呼吸进一些带有足够过敏原的新鲜空气。

一旦发生过敏，摄入一些过敏原可能会对此有帮助，这是埃斯梅曾外祖父科特的经验。科特在 20 世纪早期的波兰乡村长大，那里有很多农场动物。科特通过喝未经巴氏消毒的山羊奶治愈了自己的花粉过敏，这只山羊生活在当地，以各种各样的野生植物为食。尽管史蒂夫知道科特很聪明，但史蒂夫从来没有试图在附近树林里养只山羊，或者喝未经消毒的奶来治疗自己的花粉过敏症。或许他该认真考虑一下这个方法，但现在，还请千万不要在自己或者孩子身上尝试这种偏方。喝未经巴氏消毒的奶的后果可能会比过敏的后果严重得多。

埃斯梅的爷爷奶奶专注于营造一个可以接触充分刺激的环境，这会有助于培养孩子的社会交往技能，提升幸福感和智力水平。充满爱心的父母养育的孩子遇到的生理、心理问题也相对较少，而这些会通过表观遗传标记最终传递给孙子、孙女一代。

在过去几个月里，埃斯梅坐在地板上把她能碰到的每样东西都放进嘴里尝了个遍，而这客观上供养、改变着她体内的微生物组和病毒组。在做了很多研究之后，史蒂夫和艾米莉惊讶地发现，在决定孩子何时出生、如何出生方面我们已经做了很多，但同时，我们对婴儿的发育所知甚少也让他们感到惊讶。可以肯定的是，全球范围内这个时代是非常适合新生儿出生的。在过去几十年里，儿童的死亡率迅速下降。从 1990 年到 2010 年，全球 5 岁以下儿童的死亡率从每千人 88 例降到了每千人 57 例。幼儿的平均智商分数则在稳定上升，整体长寿水平也在稳步上升。埃斯梅来到的这个世界仍面临着很多挑战，但他们这一代人也很可能会远比以前的任何一代人都更健康、更长寿。她的表观基因组上可能写着这样一句话："这里看起来非常棒！"

EVOLVING
OURSELVES

第 17 章

推动进化的巨轮，改造“全息基因组”

人类引导的进化是如何发展的呢？你体内天生就有至少四组平行进化的基因组——核心 DNA、表观基因组、微生物组和病毒组。人类、植物和动物都具有这四种基因组，它们合起来被称为“全息基因组”。这四种基因组相互作用，以不同的速度进化着，界定了你一生的基础生物体征和特点。它们合在一起编码了可遗传的特质和行为，而你会将这些特质和行为遗传给你的子子孙孙。我们现在在主动修改许多物种的这四种基因组，包括我们自己的，同时人类自身也在平行地“自然”进化着。

人类的核心基因组几万年来基本是稳定的。从历史上看，每一代人都会经历微小的随机变异：你的 DNA 中的 64 亿个碱基中有 50 ～ 100 个会与你父母的有所不同。这表示每次生育时，人类基因组的变异率为 0.0000016%，这个变异率非常稳定，我们甚至可以据此推算不同的物种是从多少年前开始分化的，包括我们与尼安德特人、类人猿以及其他怪异的表亲的分离时间。

这种冰川般的缓慢变化速度，再加上绝大多数变异都是无害的、没有意义的改变，合在一起就可以解释为什么达尔文以及很多当代的科学家都拒绝接受快速、激进的人类进化的观点。

在大多数情况下，单个碱基的改变不会干扰到基因的功能，所以基因组中有 100 个突变也算不上什么毁灭性的大事。它的工作方式很像我们的大脑能够读懂拼写错误的单词。但有些时候，一个字母的改变就足以产生很大的差别，比如 Duck（鸭子）、Muck（粪肥）、Luck（运气）、Tuck（褶）、Buck（美元/雄鹿）、Puck（冰球）……即便字母相同，空格位置不同或强调重点不同，也会带来很大的误解，比如“The IRS”（国家税务局）和“Theirs”（他们的），或“KidsExchange”（儿童交换）和“KidSexChange”（儿童性别改变）。这种很小的改变会导致两个孩子在相似的环境中长大，却患有截然不同的疾病。

良性变异的发生相对比较罕见，因为每人生育的小孩数量有限，而且这些孩子还需要再过 20 多年才能有他们自己的孩子。从传统上讲，有益的特质要想在人群中传播开来需要很长的时间。你能想到你认识的人当中，有谁具有特别好的特质，而且在这点上又与他的父母有显著的不同吗？核心 DNA 基因组进化缓慢的主要原因是它编码了一个物种的许多基本功能，一旦发生显著改变——复制或者有片段缺失的话，将会带来严重的后果，包括残疾、严重疾病、不孕不育，甚至死亡。DNA 这种非常保守的进化机制还确保了有害的突变不会影响到大量的个体，从而可以保证物种的延续。在少数特定的文化族裔中，隐性变异，也就是那些从父母双方遗传而来并显现出来的突变，扩散的速度更为缓慢，甚至会逐渐消失。后洞穴人时代，情况尤其如此，因为当时的社会颁布了法律，禁止人们与亲兄弟姐妹结婚，而如果想与表兄妹、堂兄妹结婚则需要获得医生的许可。最终，核心密码的显著改变会带来新物种的产生。

几千年来，我们绝大多数的核心基因组的突变都因循着达尔文理论所描述的规则：缓慢、随机的进化。除了欧亚人身上夹杂着的一丁点儿尼安德特人和丹尼索瓦人的遗传痕迹，以及一些为了抵御致病菌、应对食物匮乏和适应缺少阳光的区域性环境的重要基因突变外，所有人类都大体分享着一种相同的核心DNA 基因组。这意味着从生存、繁衍和自然选择的角度来看，环境对于人类这个物种所施加的影响大多数都是低压力水平的、缓慢发生作用的。在过去几个世纪里，自然选择并不是大幅改变人类物种的唯一活跃力量。达尔文和大多数追随他的进化论研究者都忽视了人类物种形成的可能性，更不用说物种的快速形成了，这并不奇怪。直到最近，快速变异的机制和伴随其出现的环境压力都未表现出压倒性的力量。

人类的核心基因组与黑猩猩的有 99% 是相同的，19000 多个人类基因中，只有 60 个是全新的，也就是说自从 500 万年前我们与黑猩猩分别起到现在，只出现了 60 个新基因。但在核心基因组下面，仍有太多的适应变化在持续发生。比较大脑表观遗传水平——“开 / 闭”的开关的差异时，专业术语叫 CpG 编码，我们会发现人与黑猩猩之间至少有 474 个基因的控制是完全不同的。人类的多样性和进化主要集中在我们的表观遗传开关上：基因如何开启或关闭，是强力表现还是静默不语。

那我们的微生物组怎么样呢？微生物组中的进化发生得很快，一些细菌在短短一个月内就可以繁殖 2600 代。随着人类对微生物发动广泛的战争，我们彻底改变了生态系统。我们不断排出有毒物质、杀菌药皂、漱口水、化学药物、营养药物，我们开启全球旅行，采用都市生活方式，饮食结构快速变化，远离乡村生活环境，这些方式都在引导或影响着微生物的快速进化。反过来，人类同时也在改变自己的身体。尽管你从母亲那里遗传了初始微生物组，但它们与你曾祖母体内的微生物已经截然不同了。

我们体内的病毒组的变异和进化速度更是惊人。科学家才刚刚开始研究病毒组的实际作用方式，还远没有真正理解它是如何一天天、一代代地影响我们的。但可以肯定的是，伴随着我们的生活方式、全球流动以及非自然活动的各种趋势，现在的“典型”病毒组和达尔文当时间接观察到的一定有很大的不同。我们也正在驯服和利用病毒，学习如何快速编辑病毒来达到自己的目的。

我们在改变周围的环境和自己的生活方式，与此同时我们也在改变自己的身体和人类的进化。要概括和归纳自然环境和非自然的外部世界如何改变人类的基因组并驱动进化，我们可以通过“DESTINY”方法来入手。DESTINY 代表了六种环境刺激（D-E-S-T-I-N），而你（Y）和你的子孙每天都在适应，它们既会产生短期影响，也会产生长期影响。

D 代表饮食结构（Diet）。包括卡路里、蛋白质、脂肪、微量营养元素和维生素，它们改变着我们的身体和居住在我们体内的微生物组及病毒组。

E 代表丰富的环境（Enriched environment）。其中包括信息、音乐、玩具、智力游戏、学校教育和媒体，这种环境影响并重构着儿童持续发育的大脑。

S 代表压力（Stress）。我们面对的日常压力类型和人类祖先面临的有着很大的不同。我们健康水平更高，吃得更好，面对的暴力也更少。除此之外，我们也在努力做更多的事情，追求的速度更快、目标数量也更多。

T 代表有毒物质（Toxins）。有毒物质的分布很广泛，但它们的影响要在好多年甚至几代人之后才能显现出来。

I 代表传染（Infections）。传染性疾病的增加和减少也在间接或直接地持续改变着基因的编码。

N 代表养育（Nurture）。我们如何养育后代——如何去爱、拥抱和抚养我们的子孙，与传统的乡村或部落养育方式有着很大的差异。

Y 代表你（You）和你的子孙。你们是这六种环境要素产生的影响的持续承受者，但同时你也在成为决定者、进化的首要驱动者，因为人类开发出了多种方式来重新编辑自己的 DNA、表观基因组、微生物组和病毒组。

进化并不是只发生在你身上。人类在以非自然的方式导演并驱动着快速进化，也好像在导演着自己的命运（DESTINY）。我们改变着外部世界，外部世界反过来也会改变我们的身体、我们和后代的四类基因组。这些改变是通过进化上保留下来的三个核心生物系统进行的：内分泌系统释放的激素和生长素在一生中都在改变着我们的身体和基因组；神经系统分泌和引导着神经递质；免疫系统调动着各种各样的武器。DESTINY 这七种因素刺激作用于这三大系统，把我们周围的事件和情况传递到基因组，留下的记忆痕迹会持续好几代。

你的性腺也会根据这些交流、挑战和改变做出相应的调整，并将有关环境变化的信息重新设计，传递给下一代。怀孕期间，胎儿也会加入这种交流对话，根据妈妈传递的信息做出改变，这就影响了生命早期的发育，并会将记忆传递给下一代。我们生活的世界时刻在刺激和挑战着我们的身体，而这是我们的穴居祖先从来没有经历过的：缺乏锻炼、暴力减少、摄入过量的卡路里、接触大量杀虫剂、接触铅涂料、适应都市生活、接受 16 个小时的光照但很少晒太阳……

DESTINY 给我们提供了一个水平很高但仍旧很简单的草图，来指导我们改变生命形式。随着我们对 DNA、表观遗传学、微生物组和病毒组的知识的快速积累，这张草图会越来越准确，我们将会更清晰地理解自己在把人类引向何方。除此之外，希望我们对未来生命的整体设计也会变得更加智能。

第三部分

改写生命密码催生的五大新兴应用领域

EVOLVING
OURSELVES

第 18 章

领域一
通过智能设计改变生物体及其后代的行为

在过去的几个世纪里，人们通过改变周围环境、有意地挑选和繁殖来促进非自然选择是一回事，而为了自身的需要，处理基因密码、重写基因又是另一回事：两者属于完全不同的数量级。为了特定的目的，直接、刻意地将新的指令引入生物体的基因，并使其遗传给后代，使得进化从一个偶然而缓慢的进程转变成一个快速的、由人控制的过程，这项技术也许是我们这个物种迄今为止取得的最大的成就。

病毒干扰人类的基因密码的历史已经有几千年了，它们通过插入自己的基因片段和指令序列来繁殖、帮助我们消化，当然偶尔也会真的伤害到我们。找到一个特定功能的基因密码，将其直接、有意地插入病毒、植物、动物或者人类的基因片段中，形成一个非偶然的变异，其实是在通过智能设计（intelligent design）改变生物体及其后代的特质或行为。

随着时间的推移，非自然选择的规模和幅度在逐年增大。人们对其最初的看法是新奇、罕见、可怕，以至于1972年和1973年第一个基因重组实验在人们的退缩中放弃了进一步操作。在那之后，很多重量级的科学家们聚在一起商讨其危险性与管控方法，建立了各项准则，严格规定了谁可以在什么情况下以及在何种保障措施下进行实验。

当时正值“水门事件”发生不久，在一个信任度极低的环境中，一切都需要充分讨论：一套关键的准则是在加州艾斯洛玛尔颁布的，那里因裸体温泉而闻名。不同的实验室只能采用各种生化预警方法，小心翼翼地开展基因工程，但并非所有人都深信不疑或愿意合作。马萨诸塞州坎布里奇市市长、多才多艺的韦卢奇（Vellucci）先生，成功地在世界基因研究的“零点”完全禁止了基因实验。很久以后，基因工程才被允许在细菌、果蝇和小鼠身上实施。

到了1982年，人们开始借助DNA重组技术生产胰岛素。起初，基于小分子化学进行药物生产的传统制药公司看不起资金匮乏的生物技术新兴企业，然而随着制造生物制品的公司不断增多、扩大，到了2013年年底，平均每10种畅销药品中有7种是基因工程产品。

与此同时，在坎布里奇市，事情也在逐渐发生改变。市长办公室开始吹嘘：“在过去的10年中，生物技术已经成为商业领域的一个重要焦点。”几乎所有主要的制药公司和生物技术公司都已经将其大部分研发业务转移到了波士顿地区，年轻的生物工程师在街上横冲直撞，开启了“新寒武纪大爆发”。

每年都有数以百计的大学生、高中生在某个周末聚集在麻省理工学院参加国际基因工程机器设计大赛（International Genetically Engineered Machine，简称iGEM）。比赛的最后决赛看起来就像一场大型的体育赛事。近百支队伍穿着五颜六色的T恤，戴着古怪的帽子，在吉祥物、朋友和家人的陪伴下进行比赛。在欢呼声、吵闹声和团队的击掌声中，你会逐渐意识到这是一个不同于其他赛事的比赛，因为这些孩子正在设计的是完全不同的生命形态。

后来，iGEM 以某种奇怪的方式成了 4-H 俱乐部的衍生机构，这些俱乐部为美国中心地区引入新型农业的创新成果提供了一条重要途径。俱乐部以“在实践中学习”为口号，动员了成百上千个孩子动手体验耕作，最终大幅度提升了玉米的产量、猪肉的质量，还生产出了广受欢迎的“大南瓜”。看上去，参加 iGEM 的孩子们确实继承并发展了 4-H 的理念：“没有最好，只有更好。”虽然他们是以叨扰前辈的方式完成的。

iGEM 的孩子们已经逐步建立了一批合格的、可以注入活细胞的 DNA。我们可以把这些各种各样的微程序看作组成生命大厦的砖块或积木。当这些片段按正确的顺序、以合适的数目排列时，细胞就能够完成一些新奇的事。众所周知，酵母菌在面包烘焙和啤酒的发酵中起着重要的作用，但在 2009 年，来自西班牙瓦伦西亚的一支 iGEM 队伍演示了酵母菌如何自主组装进入了活细胞彩电屏幕中，而这些都是人们之前从未想过的。人们也从来没有想过地球上的细菌可以迅速进化以适应火星的环境，释放氧气，最终制造出供人类生存使用的大气（2009 年东京大学 iGEM 项目的主题）。2008 年，一支来自贝勒大学的队伍试图制造出一种酵母菌，能够使啤酒中含有白藜芦醇——一种红酒中的有益物质。你是不是产生了同样的疑问：这些大学生是如何想出这样一个项目的？

2004 年，iGEM 项目刚发起的时候只有 5 所学校参加，当时可用于设计、发挥创意的 DNA 生物部分（bio-parts）总计只有约 50 个。随着竞赛的不断发展，那些青少年逐渐完善了其他部分，了解了生物指令的运作方式，以及如何将一个实验结果应用于完全不同的项目和设计中，这样的结果是，项目和成果出现了爆炸式增长。在 2012 年的比赛上，不同的参赛队伍设计出的细胞可以检测毒素、预防肥胖、保护小肠、过滤掉饮用水中的雌激素，还可以作为将太平洋垃圾带转变为海岛的纳米机器人。2013 年，245 支参赛队伍又提供了 1708 种生物部分，以供下一届参赛者使用。

iGEM 的孩子们用时间一次次证明了基因工程与计算机编程相差无几。用他们自己的话说："简单的生物系统可以从标准的、可替换的部件建起，并在活细胞中进行操作。"的确，基因密码是非线性的，更加复杂，而且往往不可预测，它编码着生命的形式，改变并引导着生命进化的方向。与数字世界不同的是，在生物世界，软件可以制造出自己的硬件。一旦你设计出一种生命形式，它就会自我繁殖。无论你如何在计算机上编程，你都无法在第二天得到 1000 台克隆电脑。而如果你编码一个活细胞，它就会自我增殖，这就意味着你会改变它所有的后代。一切都在迅速发展，一项古老的传统行业——出版业也是如此。当你问其他人，历史上出版最多的一本书是什么时（所有的语言和版本都累积起来），西方人的回答通常是《圣经》，世界其他地方的人肯定会有其他回答。所有这些答案都是错误的，因为有史以来出版书籍最多的作家是一位蓄着胡须、患有嗜睡症的素食巨人——乔治·丘奇（George Church）。

丘奇是个电脑奇才，他上了两年大学后就开始攻读杜克大学的博士课程。他着迷于实验，很少去上课，学期末时，教授给了他一个 F[①]。这使得他收到了一封来自副院长的信："你已不再是博士学位的候选人了……无论什么原因或情况使得你无法在杜克大学完成学业，我们都希望这不会妨碍你在未来事业中取得成功。"或许杜克大学仁慈的教授们并不需要因为丘奇的退学而苦恼，因为他现在非常好。作为哈佛大学医学院一名顶尖的教授和几代 iGEM 参赛学生的导师，丘奇帮助开创了 DNA 测序领域，他还是"人类基因组计划"的领导者。他帮助建立了数十家企业，同时当选了美国国家科学院和国家工程学院院士。通过将计算机代码和基因密码结合在一起，他使生命编码的重要过程实现了自动化。

① 在美国教育系统的评分等级中，F 代表不合格。——编者注

回到出版的话题上。2012 年，丘奇和埃德・瑞吉斯（Ed Regis）共同出版了《再生》（*Regenesis*）一书，主要讲述合成生物学将如何改造自然和人类。丘奇想着，如果把 word 文档中的信息以计算机代码 1 和 0 的方式编入 DNA 分子的四个碱基对中该有多酷，这样他就可以用四个简单的字母 A、T、G、C 写出一整本书。最后，他成功了。丘奇很快就有了几十亿本书的副本。就像参与 iGEM 的孩子体会到的一样，相比创造来说，复制要简单得多。这就是为什么他们一直在构建重写基因密码的基本工具——DNA。随着这个工具箱日渐扩大，人们的野心和欲望也在不断增长。毕竟，如果你能掌控并编写基因密码，你就掌控了进化。

EVOLVING OURSELVES

第 19 章

领域二
基因疗法，劫持病毒治愈顽疾

人类基因工程早已不是什么新鲜事物了，它已经自然而然地开展了很长一段时间。古代的细菌十分擅长插入并修改人类的基因密码。几千年来，整个人类基因组中 8% 的序列都是由插入的病毒密码组成的。所有这些基因的重新编码都发生在达尔文的规则之下，简单说来就是自然选择和随机突变。而非随机的、刻意的人类基因工程是前所未有的，这是人类面临的一个大问题。

早在 1990 年，我们身边就有了很多“转基因”人。而现在，越来越多的基因疗法将新的指令插入我们的身体并安放到正确的位置，这样一来，它们就改变了我们的核心——在此之前一直在缓慢进化的 DNA。目前，我们仍然处于有效劫持病毒为人类服务的早期阶段。就在几年前，我们还需要很长时间去识别、分离出错误的单个基因，并找出是哪里出了问题，更别提用一个功能正常的基因去替代它了。早期的基因疗法主要用于治疗致命的罕见病，比如重症联合免疫缺陷（“泡泡男孩”患的免疫系统疾病）、肾上腺脑白质营养不良、湿疹血小板减少伴免疫缺陷综合征（Wiskott-Aldrich）以及各种白血病和血友病。

从理论上讲，这项技术是相对比较简单的：找一个无性的病毒，去除它的毒性，再通过快速感染来载入新的 DNA 指令，给它编写一套新的基因指令，让它去感染病人的细胞，这样“转基因人”就诞生了。这就好比故意朝着别人打喷嚏，并不是要传染感冒，而是对他们进行良性感染，使“病毒”进入他们的身体，重新编码基因，从而修复一个错误的基因。

在实践中，基因疗法往往需要几十年的时间才能用于临床治疗。1999 年，杰西·基辛格（Jesse Gelsinger）的死亡事件为本就不太顺畅的基因疗法的发展又增加了层层阻碍。事实上，造成死亡的并不是外来的基因，而是杰西·基辛格自身免疫系统的过度反应最终击垮了他的身体。此后，基因治疗的试验暂时中止，监管部门的批准变得异常缓慢。这种情况下，安全性固然提高了，但成本也大大上升了。

即使现在你生病了，需要紧急的基因治疗，整个审批的过程仍然会十分缓慢且官僚化。但是和传统达尔文进化论所认为的速度相比，现在的一切都可谓飞速。我们每天都能获得关于改变人类基因密码的新认识，也开始在动植物体内插入多种基因来治疗更为复杂的疾病。人类多基因疾病的治疗可能还要等 10 年甚至更久，因为我们还需要一步步了解其安全性与潜在的后果。

人类现在已经可以驯服并控制传染病的祸根，使其变成安全的木马病毒来插入可以挽救生命的基因了。到 2013 年年底，美国国内已经完成或正在进行的基因治疗临床试验已经超过 1996 项，其中 64% 集中于癌症治疗，9% 针对的是单一罕见突变导致的疾病，8% 针对的是传染病。2014 年，人们已经可以去欧洲的药店里购买第一批获得批准的基因治疗产品 Glybera 了，这种药物主要用来治疗可能导致胰腺炎的脂蛋白脂酶缺乏症。

目前，超过 80% 的基因治疗使用的是没有毒性的病毒，其中有一半依靠的是两大主力病毒——腺病毒和逆转录病毒。其实还有很多方法可以把新的基因指令插入生物体，包括使用“基因枪”、电穿孔、裸基因、“睡美人”转座子、干细胞移植或利用去毒的病毒。去毒病毒主要有疱疹病毒、麻疹病毒、脊髓灰质炎病毒、李氏杆菌、沙门氏菌、志贺氏菌、天花病毒和霍乱弧菌。

很快，基因治疗将不局限于小部分患者群体。已经有迹象表明接下来会发生什么。两个不同的试验表明，你几乎可以改变身体里所有与血液相关的干细胞。通过改变在你身体里分化成多个类型细胞的造血干细胞，你就可以使身体中任意一个器官发生根本性的变化。

针对人类的基因疗法将变得更加安全，整个治疗将会从需要“立刻进行治疗”的疾病向“最好进行治疗”的疾病转变。伦敦医院的眼科就处在这样一个过渡点上，2009 年，他们治疗了一位年仅 23 岁、身体健康、患有非致命性遗传性色盲的病人。2014 年，9 例患有无脉络膜症的患者在这里接受了基因改造，视力水平大幅提高。欧洲人正在努力帮助病人恢复视力，与此同时，华盛顿大学的实验人员已经“治好”了患有色盲的猴子，并证明了猴子的大脑，包括成年猴子的大脑，都能适应新的视觉刺激。

脑子里想着这些视力恢复的治疗和实验，你就能设想出各种异想天开的事情都将变成可能。超人的视力有一天会从漫画书中转移到现实生活中。我们可以将特定的基因插入正常人体内，让人们看到新的颜色，例如紫外光，就像昆虫、鱼类、爬行动物和驯鹿看到的一样。从理论上说，这一设想是可行的。在莫奈画睡莲的时代，就有人因为接受了切除晶状体的白内障手术看到了紫外光。科学家已经发现，有些女性携带着额外的红光感受器，大多数人只有三种感色细胞，而她们却有四种。

由于病毒基因治疗主要集中于罕见疾病，很少有人知道这些技术究竟会对人类物种产生什么样的影响。我们将会看到越来越多经过基因改造的人，他们像试管婴儿一样普遍。第一个震惊世界的试管婴儿路易斯现在已经 37 岁了，她的试管婴儿妹妹纳塔莉还生下了一个健康的女儿。在想当然地应用这些技术之前，我们可能得反思一下这种新发现的能力。基因治疗很快就会被用于制造化妆品、提升竞技水平和延年益寿。我们将通过引入“理想的性状”，去掉我们或后代身上“不好的性状”，从而促进人类物种的进化。面对将会杀死你的孩子的基因，选择进行基因治疗将是个简单的决定。而谈及改善相貌、智商等方面，如何思考这样的问题就会变得更有趣、更复杂、更微妙。所以，在我们决定广泛应用 CRISPR 这种新的基因编辑技术之前，最好先制定一些基本的规则……

EVOLVING
OURSELVES

第 20 章

领域三 利用 CRISPR 大规模改编生命

正如许多圣诞礼物一样，一旦你有了基本的材料或部件，“你就可以进行组装”。这也是“clustered regularly interspaced short palindromic repeats”技术如此强大的原因。所幸人们通常会用缩写 CRISPR 来代替这个复杂的名词，而这项新奇的技术是人们在尝试制作更优质的酸奶时发现的。

天然的酸奶通过引入益生菌来帮助我们消化：2006 年，丹尼斯克集团的员工致力于解决一个食品加工业的常见问题，控制那些入侵、改变甚至破坏酸奶、葡萄酒、奶酪、面包和其他一些食物中的益生菌的病毒。在寻找应对这种病毒危机的方法时，他们提取出了病毒的 DNA 并读取了其序列。令人震惊的是，他们发现细菌的基因中带有识别机制——一系列入侵历代细菌的病毒的“照片”。

当带有这种病毒“照片”的细菌迎来一场新的攻击时，它可以利用“照片”

比对识别，并利用 CRISPR 进行防卫。CRISPR 可以识别恶意钻进细菌基因组的病毒，把它剪下来，甚至将其换成一些无害的片段。不久，科学家就意识到，他们发现了一种生物上的诺顿或迈克菲防病毒程序，可以识别并移除入侵病毒，并用适当的 DNA 片段取代它们。

CRISPR 可以简单快捷地对基因序列进行剪切、粘贴、插入或移除等操作，作用对象不仅限于细菌和病毒。CRISPR 可以有效地删除会导致缺陷或疾病的基因序列，然后用有益的、正常的、非突变的基因片段取而代之。之后，当修复后的细菌或其他细胞产生数百万的后代时，后代的基因组中都会带有修复过的 DNA。

与早期基因工程采用的方法不同（比如基因治疗技术得用复杂烦琐的步骤将新的基因引入基因组），CRISPR 是一项快速的、可以大范围应用的基因编辑技术，它可以快速修改现有基因组的大段片段，轻而易举地剪掉有害的基因，并用新的基因去替换它们。这就好比从用修改液在学期报告上修改单词和短语（基因治疗），到有了初步的文字处理软件，人们可以快速替换整个段落和页码（CRISPR）。你完全不用重新打字，打印机就可以完成这一切。

当然，年轻读者可能没有经历过使用文字处理系统的阶段，可能会误认为处理和编辑大数据是个很简单的事儿。而你们也将经历类似的技术冲击——你们的孙辈不可置信地看着你们，让你们描述过去领先的癌症治疗手段，并问道："爷爷，在你们年轻的时候，如果有人得了癌症，医生真的会用化疗毒害病人的身体，然后用破坏 DNA 的辐射手段进行治疗，甚至切除身体的某些部分吗？你们难道不知道癌症是由基因突变导致的吗？简单地控制某些基因的开关或替换它们不就可以治病吗？你们怎么可能如此粗鲁和无知？你确定你们那时候没有用水蛭？"

从进化的角度来说，一旦我们拥有了构成生命的基本材料和一个快速的、大规模的编辑系统，就可以将长达40亿年的地球生命进化史编辑或压缩成一个纪录短片。我们可以随意编辑，甚至重写整个故事。几乎任意物种的所有基因突变，不管良性或恶性、人工或自然、近期或远古，都可以在短短一下午的时间被改造并引入一个活细胞。CRISPR每天可以剪切、移动并替换基因组中的成百上千个基因，这就像拉马克的进化理论中描述的进化过程被加速了。还记得拉马克吗？就是那个在几个世纪前提出习得的性状可以直接遗传给下一代，结果被批判得很惨的人。自然进化中，长颈鹿无法在一代之内就长出更长的脖子，CRISPR技术却可以在短短几周之内设计出带有新性状的细菌、植物和动物。

第一个编辑人体细胞的基因实验已经显示出了修复突变和抗病毒的功效，应用于人体试验指日可待。CRISPR不是藏在顶尖实验室中的机密，高中生、大学生就可以掌握。它在科学界传播扩散的速度极快，以至于在一个会议上，波士顿著名研究员吉姆·柯林斯（Jim Collions）提到自己不会讨论CRISPR时还开玩笑一般道了个歉。这项技术的应用不计其数：有些人通过研究细菌中的病毒侵略者留下的基因密码，辨识出了地球上最古老的生命形式[①]；还有人研究了大肠杆菌的防御机制，研究它们如何利用CRISPR来对抗病原体。但到目前为止，CRISPR最重大的影响将是对人类的改造和加速人类的进化。

随着大规模基因工程的加速和发散，动植物已经变得有些不可思议了。科学家们可以创造出适合各地不同口味和需要的生命形式：伊拉克沙漠上遍地跑着无毛鸡，这些无毛鸡经过改造可以抵御酷暑（但并不是所有人都喜欢这些粉色生物）。为求得好运，越南人制造出了细胞里有金粉的海马。牛、山羊、绵羊和骆驼经基因改造后被用于生产含有各种药物的奶。我们还可以买到带有荧光的猫、兔子、鱼、羊和蚕，也可以为起居室订购一株发光的植物——

① 就像碳14测定法一样，但不是测骨骼中的放射性衰变，而是搜寻最早的感染留下的基因足迹。

这只是 Kickstarter 项目的第一步，该项目的最终目的是制造出由阳光驱动的树木来代替街道照明设施。

并不是所有这些改造都是为了好玩。有些基因工程甚至可以颠覆经济系统。现在藻类繁殖等生产领域已经具备了“堆积”性状的能力，即同时插入多个基因，替换或使一个甚至多个生化过程产生新的功能。简单说来，这是个昂贵且烦琐的过程：首先要确定理想的基因性状，用多个基因片段合成一个基因，检测这个基因能否在细菌中工作，然后再将这个基因转移到适合的藻类或植物细胞中，直至增加更多的基因来嵌入一个多基因通路。这种实验只做几次往往难以成功；经过数千万次的实验、几亿美元的投入和多年的持续努力，或许才能产出可以商业化的转基因后代，使植物表现出理想的功能。

现在，利用 CRISPR 或其他生物合成技术，人们可以同时将多种性状引入藻类——这个新型生物通路被证实在几天之内就能出现在细胞中，数周、数月内就能具备商业产出规模。你不再需要以一种线性的方式培育一个又一个性状，而是可以一次全部搞定。在靠近加利福尼亚卡利帕特里亚海边的地方，热情友善的吉诺维亚生物公司（Genovia Bio）总裁吉姆·弗拉特（Jim Flatt）正在试图增强绿藻的繁殖能力，以生产大量的绿藻泥。这些绿藻的基因经过重新编辑，可以产生多种功能，有的可以用于生产燃料，有的可以用于生产疫苗，有的可以用于生产动物饲料。最终，这将使农业生态系统，甚至全球土地利用方式产生巨大的变化。从理论上看，重新编辑过的藻类占用的空间更少，却可以产出百倍于传统作物的目标产物，例如蛋白质和油脂。这可能是为我们扩大鱼类养殖产业提供饲料，并为全球几十亿人提供动物蛋白的唯一途径，也可以使许多耕地回归自然。

随着我们越来越擅长操纵非随机突变，进化的进程被不断压缩、加速。在系统性、大规模设计生物的新能力方面，我们是规则的设定者和改变者。如果我们发现一个人身上具备某种引人注目的、有益的基因突变，科学家很快就可以将它复制传播给许多人，而不必等待上万年。

我们过去曾用“这是上帝对我们做的”“这是大自然对我们做的”“这是我们的敌人对我们做的”来对事情进行合理化解释，但是现在，一切越来越处于我们的掌控之中。我们可以掌控生命如何进化，掌控人类如何进化。除了科学，我们还必须进行大规模的伦理辩论和教育：这是我们能做的，是我们看好开发和使用这种新工具的原因，也是我们需要公开去解决的伦理问题。

我们需要解决的是，人类应该在什么时候，如何选择使用基因治疗、安全的病毒和 CRISPR 来操纵后代的基因密码。在我们的一生中，选择改变自己是一回事，改变未来的物种是另一回事，两者属于完全不同的数量级。到目前为止，研究员还未将基因治疗用于人类的精子和卵子，但是这种能力已经在动物身上得到了证实。很快我们就能安全、永久地改变子孙后代的基因。当选择这样做时，我们就是在根据自己的意愿和欲望来塑造物种。这不仅是通过非自然选择改变、塑造已经存在的生物，更是通过非随机突变飞速地创造并传递新的事物。接下来，让我们来看看充满争议的改变未来婴儿的话题……

EVOLVING
OURSELVES

第 21 章

领域四
设计婴儿：子宫移植、跨代基因工程

2013 年春天，瑞典哥德堡的 9 位女性获得了来自她们的母亲、姐妹或者伯母的移植子宫。因为疾病或年龄等原因，这些女性无法生育，而随着移植手术日臻完善，安全性有了保障，这些女性在科技的帮助下又有了当妈妈的机会。其中有 7 台手术相当成功。2014 年 9 月，一位天生没有子宫的 36 岁女性接受了一位 31 岁的女性捐赠的子宫，最终成功产下一个健康的婴儿。尽管子宫移植手术相当引人注目，甚至占据了头版头条，但移植子宫并不是一种针对人类核心编码展开的“新设计”，微观的线粒体移植才是。2015 年，英国成了第一个允许进行跨代基因工程的国家——改变婴儿的基因密码，并将其传递给未来的后代。这种被称为生殖工程的手术目前在大多数发达国家都是被禁止的。但随着技术和知识的积累，英国首席医疗官萨莉·戴维斯（Sally Davis）正提倡取消这项禁令，因为它有一个非常特殊的用途：治疗线粒体异常导致的疾病。

线粒体 DNA 是个神奇的东西，它作为一个微型基因组，与你的 23 条核心染色体是分开的，存在于细胞中负责产生能量的线粒体中。它非常稳定，只能从母亲那里获得（精子没有线粒体），且不会与父亲的线粒体 DNA 重组。我们可以通过线粒体 DNA 明确地追踪一个人的母系血统。这也是我们知道现在每个活着的人都来自一个共同的母系祖先——线粒体夏娃的原因，她生活在大约 18 万年前。虽然那时也有很多女性，但只有一个人幸运地生下孩子且无间断地繁衍了 7200 代，直至现在。

我们的新技术改变了进化树中最稳定的部分，这将会产生长远的影响。我们进行线粒体 DNA 治疗是为了防止由线粒体 DNA 突变造成的十分罕见且会世代延续的疾病。病人和他们的孩子因此可以远离持续性呕吐、某些癌症、心脏组织坏死、失明、耳聋、窒息以及其他许多症状。

这种治疗的过程与试管授精颇为相似：要从线粒体 DNA 有缺陷的母亲的卵子中取出染色体 DNA，然后将其转移到没有线粒体缺陷、去除核 DNA 的提供者的卵细胞中，再用父亲的精子体外受精，接着转移到母亲的子宫中，最后生出一个健康的婴儿。据一位参与这项研究的科学家所说：“这种方式就像更换笔记本电脑的电池，主要是为了保证能源供应正常，但是硬盘上的信息不会发生改变。”

这种线粒体 DNA 治疗起初针对的只是很小一部分产妇，全英国范围内可能有 10 个人接受了这种治疗。我们之所以特别关注这个现象，是因为当改变一个人的卵子或精子的核心 DNA 时，发生改变的不仅是胚胎的进化发育，还包括一部分人类的未来。这项技术使得孩子的基因可以来自多个父母，越来越多潜在的基因提供者融入到一个新的身体中。随着新技术的发展，我们不仅可以重新设计个体婴儿的基因组，还可以重新设计他的后代。

说到这里，我们应该看看美国的 8543339 号专利：“基于基因计算的配子提供选择。”这个专利属于 23andMe，一个由谷歌创始人投资的遗传学诊断公司。该公司现在暂时被美国食品药品监督管理局叫停了诊断服务。该专利的目的是帮助那些想通过试管授精要孩子的人做出明智的决定。这项专利粗略的计划是让人们可以依据统计数据选择各种他们想要自己的孩子具备的特征，比如蓝色、绿色或棕色的眼睛，较低的癌症患病风险，较低的先天性心脏病患病风险，以及长寿。这项知识产权的支持者声称，一些看似混乱的事情其实是有迹可循的，比如酒后脸红和其他一些更为复杂的疾病，它们的概率都隐藏在官方的统计数字中。虽然我们离对这些问题进行常规诊断还有一定的距离，但是基于越来越先进的产前、产后对于致死或严重缺陷情况的检测，这个系统的一些方面现在已经开始运行了。

犹太遗传疾病联盟建议：“所有具有犹太血统的夫妇，包括有着不同信仰的夫妇，都应该对所有犹太遗传疾病进行预孕携带者筛查。”许多其他人也在遵循这个建议，针对一些潜在问题进行检查和预测。在孕早期，很多父母会选择检测孩子的一些遗传情况。在出生的时候，马萨诸塞州要求父母带孩子接受筛查 52 种遗传病的新生儿检查。每个阶段都有越来越多的问题浮现出来，随着问题和诊断的不断增加，治疗的压力也越来越大。

每年，基因的“赌场”都倾向于消除更多的疾病携带者，引入更多优良的性状；也许是插入 CETP 基因，这样可以减少 69% 的阿尔茨海默病患者；也许是插入 DEC2 基因，这样你每晚只需要 6 个小时的睡眠。一种罕见的 APOC3 基因突变可能成为一种流行的选项，在接受测试的阿米什人中，拥有这种基因突变的人血液中的脂肪含量要低 65%，同时，它也在很大程度上降低了德系犹太人患阿尔兹海默症的风险。携带 FOXO3A 基因的日裔美国人患有癌症和心脏病的风险明显低于普通美国人。这些发现在无形中增加了我们对自己或孩子的基因组进行良性改变的选项。

一些生育治疗手段简直是开展医药试验的“狂野西部”。最极端的新技术往往吸引着最绝望的夫妇，在尝试自然受孕和传统的试管授精均失败后，他们不仅面临着生育时间的压力，也不太可能自愿参与传统的双盲研究。这时就会有许多骗子向他们兜售未经证实的、昂贵且无效的治疗方案。监管部门往往很难查出是谁在操纵这些骗局，因为大多数治疗都是自费的，而保险公司只会对已被证明有效的治疗进行赔付。

随着辅助生育的基因技术变得廉价、有效、普遍，巨大的伦理挑战也会随之出现。毕竟许多技术都可以在普通的办公室借助廉价的器材和简单的方法实现。我们已经见证了在实验室、农场、家庭中制造出的细菌、植物和动物。敲掉或插入新的基因指令到生物体中的做法已经司空见惯，而后这个生物体会以新的、改进后的版本不断复制自身。随着人类对基因密码操作的速度、认知和能力不断提升，随着基因转移和编写能够安全可靠地引入初期胚胎，人类基因升级的浪潮指日可待。我们正在朝着定制自己和孩子身体的方向迈进，甚至已经开始考虑改变人类的大脑了……

EVOLVING
OURSELVES

第 22 章

领域五
改变大脑：通过电击重置大脑回路

在所有可以改变的器官和身体部分中，没有任何一个能像改变大脑一样，对人类物种的历史和命运产生巨大、深远的影响。大脑是使你成为“你”的原因，也是使人类成为一个独特物种的原因。随着科学家映射、研究、改造甚至升级人类的大脑，不断尝试刺激神经元，我们潜在地改变了意识，改变了基本的自我，而埃德·博伊登（Ed Boyden）可以说是站在了相关研究的最前沿。

麻省理工学院汇聚了全世界的顶尖人才，在这里，和天才交流是人们的日常，即使一位诺贝尔奖得主坐在旁边，也并不值得你大惊小怪。但即使是在这样一个由顶尖聪明的异类和创造者构成的社群中，埃德·博伊登依旧十分出色。许多麻省理工学院的人都认为，他是校园里最具创造力、最有建设性和最富想象力的人。显然，奥巴马也认同这一点。2014 年，当奥巴马发起大脑研究计划时，典礼现场到处都是白发苍苍、站在“科学食物链”顶端的大佬……还有一个叫博伊登的年轻人，而博伊登看起来更像一个学生而不是教授。

博伊登最初是个物理学家，但是他很快发现，大多数物理学项目都太过庞大，代价昂贵，进展缓慢。之后，他选择了量子计算——一个充满不确定性、哲学思辨和质疑的领域。他感兴趣的是量子不确定性能否产生一些真实的、具体的数学和密码解法。但是最终，真正激发他的想象力的问题是如何理解、映射和模拟大脑：化学和电信号是如何相互作用，使人们以特定的方式感受味道、恋爱、思考和投票的？如何建立一个人类特定性状、行为和思想的映射图？大脑是如何感受世界的？它是如何修复中风后的回路的？如果经受了严重的损伤，一个人会丧失人性中的哪些部分？

带着之前在物理学（一个需要建造新的机器来快速准确地测量细微、短暂、难以捉摸的粒子的学科）中积累的经验，20 世纪 90 年代末，博伊登开始涉足脑科学领域。当时探索大脑的方法还十分有限，几乎没有人能够解答他感兴趣的问题。人们对大脑结构和功能的了解大多来自对大脑中较大面积区域的相对宏观的观察，每次只能观测几个特定的细胞，或只能观察特定损伤对个体人格、记忆或行为的影响。在实验室中，来自核磁共振的模糊图像提供了许多似乎与大脑相关的彩色图像，但是这种类型的研究依赖于笨重的机器，并不能直接测量脑细胞的活动，也不是实时的。我们很难在显微镜上观察真正的活细胞，特别是在大规模的网状组织中。通过电极直接刺激特定的大脑中枢，有时会激发人们的欲望或刺激人们采取行动，但效果并不理想。

目前，我们对于大脑的治疗依旧十分不成熟。很少有中枢神经系统的药物会起作用，很多还有严重的副作用。制药公司需要足够的勇气才敢进行大脑药物的人体试验，绝大多数投入都如石沉大海。据统计，92% 的中枢神经系统药物都失败了，并且都是在试验接近尾声、已经耗费巨额资金的时候失败的，平均每次投入的资金为 8.9 亿美元。

即使是在今天，重置大脑回路也是通过电击来实现的，或者是让整个大脑中充满抗抑郁药、兴奋剂和癫痫缓和剂。了解了医学界的情况后，博伊登没有选择等待，而是做了一个物理学家会做的事：停止推测，开发新技术来了解大脑内部发生的事情，这样一来，在有了实际数据之后，他就可以进行测量、研究。

驯服的病毒是获取数据的绝佳方式。绝大多数病毒都无法穿过血脑屏障[①]，这的确是件好事，但对研究来说就不太好了。为了解决这个问题，博伊登直接往大脑里注射了工程化的逆转录病毒，它们迅速占据了大脑的每一个角落。这些逆转录病毒携带的基因密码可以制造视蛋白，而视蛋白是一种能使微型海藻将光转换为电的分子。

当逆转录病毒视蛋白分子进入脑细胞后，它们可以承担开关的功能。研究人员将显微镜下的小束光纤靠近脑细胞，观察单个脑细胞开关时发出的微小闪光，这种新的方法又被称为光遗传学，人们可以借此实时观察和映射大脑内发生的事情——确切地说，就是观察动物移动、进食、嗅闻或学习时，大脑中有哪些神经元是活跃的。

博伊登和他的团队向众多感兴趣的研究员发送了他们的方案和试剂，自那以后，许多研究生都在忙着用慢病毒填充大脑，以获得“高滴度、细胞特异的神经标志”。他们得到的源源不断的数据阐明了不同物种的大脑中都发生了什么。所有这些都提供了一套越来越精确的蓝图，描述了每一个脑细胞、细胞网络和脑区内发生的事情。而且，就像物理学研究一样，新的工具和技术往往能解答一些最基本的问题：大脑的每个区域都有哪些种类的神经元？它们是如何连接的，都与哪些行为相关？现在，新的图谱已被用于研究特定脑区间的相互作用以及所有脑细胞的工作方式了。

---

① 一个世纪前，在伦理委员会还没出现的时候，研究员往一些人的身体里注射了蓝色染料。不久之后，这些人的绝大部分身体组织中就充满了蓝色，大脑和脊髓除外，这说明，有一道屏障阻止了血液中的一些药物和分子进入脑细胞。

一个令人惊讶的发现是，传输视蛋白的光编码的信息不仅映射了大脑，这个系统还可以携带指令进入大脑。通过激光和光纤装置，研究人员可以让被逆转录病毒视蛋白感染的细胞去控制其他神经元。通过开启特定的通路，博伊登实验室的研究人员可以让老鼠以特定的方式移动，感受特定的事物，或是忘记创伤。就这样，一个旨在探索、映射大脑的技术，最终催生了一种指导和控制部分大脑的工具。

人们做实验的对象并没有止步于老鼠。2012 年，两组研究人员通过应用多种颜色的光和图案，证明了可以通过微创的方法改变灵长类动物的行为。光可以刺激动物的神经元，使它们反应更快。而这些发现可能会改变未来治疗各种精神疾病的方式。例如，在映射出经历创伤、处于应激状态的小鼠大脑的活跃神经元之后，博伊登可以合理地推测出大脑的哪个特定区域负责记忆、反映创伤。之后，研究人员用光纤装置刺激或阻断特定神经元，继续观察了老鼠的反应。最终，他们想出了用光脉冲来缓解焦虑和压力的方法。实验的下一步就是探究这项技术在人身上的应用。

战争中使用的简易爆炸装置和其他爆炸武器，导致许多士兵遭受了严重的身体创伤。在非自然、极端的医疗干预手段出现之前，很少有人能像今天受伤的士兵一样幸存下来。重新拼合身体有时需要在伤员的大脑里植入电极，以指导他们的身体执行基本的功能和指令。因为向大脑传递荧光蛋白的逆转录病毒是安全有效的，所以外科医生有一天可能会在患有创伤后应激障碍的士兵脑中植入光纤。之后，通过点亮并激活这些特定的细胞，这些残疾的退伍军人的创伤后应激障碍症状就可以缓解。

新的成像方法、生物标志物以及对精密测量和基因工程的看重正在改变我们对于大脑如何工作，以及我们能在多大程度上改变大脑的理解。某些美国尸检记录表明，一些独特的大脑结构会使人更有可能具有自杀倾向。死于自杀的人表现出了某种表观遗传改变——控制大脑对于皮质醇和应激状况做出反应的

SKA2 基因关闭。不足为奇的是，考虑到这个可能的遗传影响，自杀倾向是可以在家族中延续的。一个奇怪且可怕的统计数据显示：在同一个家庭群体中，血缘亲属自杀的概率是被收养者的 6 倍。通过映射大脑，也许我们可以了解哪些人正处于危险之中，便于采取预防措施。

随着向大脑传达特定指令的能力不断提高，博伊登的研究团队意识到，如果他们能使每一个脑细胞对两种颜色敏感，那么就可以在更大程度上掌控结果。也就是说，如果一个脑细胞对一个蓝光脉冲（X）和一个绿光脉冲（Y）敏感，通过控制两种及以上颜色的脉冲，科学家们就可以通过电脑的二进制代码[①]在脑回路中上传或下载信息。

光还可以绕开大脑和其他器官之间传统的生物隔断。在一个成功的实验中，博伊登的团队以一只失明的老鼠为对象，标注了老鼠视网膜上的双极细胞，使细胞对光敏感。很快，这只曾经只能挣扎着走出水迷宫的老鼠就可以识别出有光的道路。类似仿生视觉（Bionic Sight）和基因视觉（Gensight）这样的公司正在尝试将这些发现运用到人体上来治疗失明。这样的应用还只是第一步，我们相信，未来科学家还可以开发出更多的用途。

最终，人们将可以构想出大脑与各个器官之间的一系列由光介导的连接。比如，把移动左臂的想法和手臂连接起来，从而绕过截瘫患者断掉的脊髓。从某种意义上说，这种治疗就像心脏搭桥一样，是要把身体负责不同功能的部分连接起来，在这里是借助光从大脑向手臂传递神经冲动，而不是通过脊髓。神经外科医生还据此设想出了在病人癫痫发作时调节各个脑区的方法：在脊髓麻痹后用光连接损伤的区域，或是借助光缓解注意力缺陷多动障碍。

尽管建立大脑和各个身体部分的联系或增强感觉，从技术上看很了不起，

---

① 由 1 和 0 组成的字符串，代表有光或无光、有电流或无电流等状态。

但是这些改变对于人性的影响远不及用光或其他工具来控制、调整、改变人们的思想。在接下来的几年里，博伊登应该可以通过每一个神经元绘制出构成人脑的 1000 立方厘米中的 1 立方厘米。随着映射的大脑面积越来越大，我们将会知道改变单个细胞、改变连接或刺激特定神经元产生的后果。很多人都愿意接受映射和试验。在美国，已有超过 25 万人通过植入电极来治疗癫痫和其他疾病，进行各种类似的、完全许可的实验可以说相当简单。

科学家们发现，如果大脑芯片或电极放置在正确的区域，并接受了刺激，它们就可以调节特定的大脑活动。其中一个更为奇特，甚至有些令人不安的前景是，用电或光来控制大脑、连续刺激一些细胞有时会消除或催生记忆，包括从未经历过的事情。特定的光脉冲可以触发大鼠对即将发生的电击的恐惧，另一种不同的光脉冲则可以使大鼠忘记这些恐惧。在未来，我们甚至可以借助同样的工具制造创伤或快乐。而这些新的应用在法律、伦理、道德等方面带来的顾虑可能很小。

最终，三维光学神经微植入将帮助我们超感周围的世界，连接越来越大的数据库。我们还需要设立严格的协议，限定控制权。在这一方面，就算是小规模的局部干预也可能造成巨大的影响。例如，有针对人体的电击记录显示，一些神经元可能会在患者做出有意识的决定之前被激发。这意味着我们的大脑通常会在“想明白”和合理化之前就做出决定。如果激活特定神经元，我们就可以在一个人有意识地做出特定决定之前诱发或抑制这一行为。这种干预将带来很多潜在的好处：减少暴力、防止冲突、阻止自杀。但是，我们应该对哪些行为进行控制，什么时候控制，由谁来控制，都至关重要，它们挑战着我们以个体形式存在的自我，质疑着我们的自由意志和独立决策权。当我们改变基因密码和大脑时，我们的意识可能会岌岌可危。

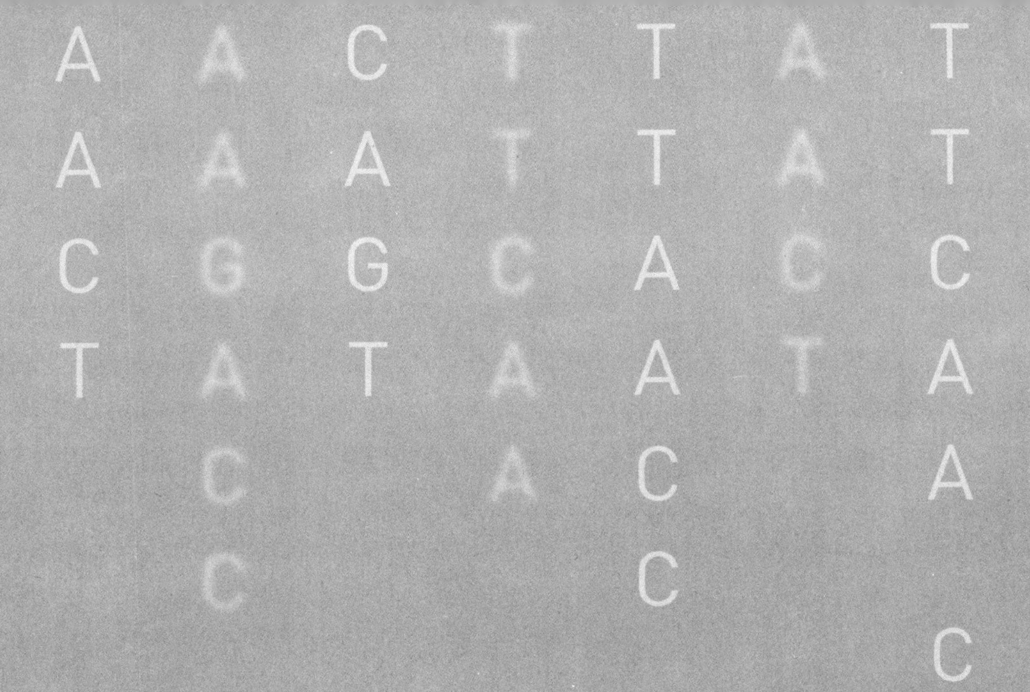

第四部分

拥抱未来，
预知改写生命密码的前景

EVOLVING
OURSELVES

第 23 章

个性化用药，为病人定制专属药物

玛丽·卢·杰普森（Mary Lou Jepsen）是一位才华横溢、充满活力、干脆利落的博士，她曾经历过一段非同寻常的化学旅程。

她和技术专家尼古拉斯·内格罗蓬特（Nicholas Negroponte）在麻省理工学院媒体实验室启动了一项看起来完全不切实际的计划——生产和分发总价只有100美元的笔记本电脑，让世界上最贫穷地区的教室里也能装上电脑和接入网络。在实施这项计划的时候，玛丽学会了中文，这帮她赢得了中国台湾硬件制造商的信任，成为第一个获准进入他们的制造工厂的西方人。整个过程非常艰难，有时只能睡在工厂的地板上。经过多年的不懈努力，玛丽和尼古拉斯终于在2006年发布了新的测试版电脑。尽管整个过程充斥着欺诈、冒险，还带有浓厚的英雄主义色彩，但玛丽始终致力于提供最便宜的电脑，这让她最终重新思考并简化了整个计划，甚至在与一些垄断性企业的竞争中占据了优势地位。不过，如果你对玛丽同疾病抗争的故事了解得更多的话，就会发现，她之前取得的成就根本算不上什么。

每当玛丽乘坐飞机在全球各地奔波时，她离死亡的距离永远不会超过几个小时。在研究生期间，玛丽了解到，长期以来困扰她的健康问题是由一种隐性的脑瘤引起的，她的脑垂体会在错误的时间分泌大量的激素，这导致她出现了嗜睡、肥胖、呕吐、疼痛等症状，同时还伴随着强烈的情绪波动。

放疗和化疗导致她体内许多关键的激素通路被阻。虽然治愈了肿瘤，但玛丽身体里的化学系统变得残缺而不稳定，必须进行长期的化学或激素干预治疗。对她来说，忘记吃药或打针都可能是致命的。

漫长的康复过程和不间断的治疗并没有阻止玛丽完成她的博士学位，毕业后，她在麻省理工学院获得了一份顶尖的工作，并开始实施“一个孩子一台电脑”计划。后来，她顺利结婚，开始在世界各地出差、旅行。在这个过程中，如果因为习俗、海关、通信不畅或药店关门而中断治疗，玛丽随时面临死亡的威胁。对此，玛丽建立了一个三重保障系统，无论她在哪里或即将去哪里，她都会靠自己或求助其他人提前准备好药物。在每次出发之前，她都会在地图上标示好药店的位置，这样可以保证她能随时随地买到需要的药品。她还要整理好每一种药品在不同语言中的名称，并寻找一位在一天任何时候都能开出药方的医生。

一开始，面对标准化且充满痛苦的治疗方案，玛丽只能按照医生的要求一一完成，但服药后的副作用让她难以承受。对此，医生只能不停地改变策略，而玛丽也开始意识到，不同的配方、剂量和服用时间会造成不同的情绪波动规律和身体反应。作为一名杰出的科学家，玛丽对于统计分析和编码非常熟悉，于是，她开始观察、记录服药后自己身体和大脑的反应。她用大量的电子表格详细记录了每次改变剂量和服药时间引起的变化。最终玛丽发现，所谓“标准化剂量”其实是一种灾难式的处方，而差异化、个性化、由患者自己掌握灵活度的处方则要好得多。

后来，玛丽在摸索中发现了一个可行的方案，这使她的生活恢复到了正常人的水平，但她并没有停止试验。玛丽服用的药物承担着本该由她的脑垂体担负的“职责”，而脑垂体控制着人们最基本的感觉和欲望，决定着人们的喜好与厌恶。玛丽想到了实时测试不同激素对她的情绪的影响。通过提高睾丸素的剂量，玛丽变得越来越男性化。正如她描述的那样，在短短几小时内，她就可以变得像一个十几岁的小男孩，脑子里不停地思考着性、性、性，整个人变得傲慢自大、咄咄逼人。这种经历也使得她开始以一种完全不同的眼光看待女性和男性，对两性的理解也在逐步加深。

虽然体验另一种性别非常有趣，但玛丽在几天内就决定找回做女性的感觉，然后开始体验由各种激素驱动的情绪和欲望。在实验结束时，玛丽在自己的身体里体验了多种不同的情感生活，还找到了与丈夫都感到舒适的平衡，甚至开始尝试改变整个世界的互联网技术和计算系统。她控制了自己的大脑和身体。如果不是如此果断和睿智的话，玛丽说，她相信自己只会在母亲家里的地下室等待生命的终结。

玛丽所进行的激素调节实验的范围、广度和影响非常惊人，但实际上，我们已经在大规模地改变数百万人的激素水平了。如果能更多地了解基因和负责执行指令的腺体之间如何相互作用，我们就更能有意识地改变自己的态度、欲望和行为。随着我们越来越多地了解身体在各种药物和物质的影响下如何感觉和行动，就会有越来越多的人选择主动改变自身的激素水平，到那时，我们不仅可以映射自己的大脑和思想，还能有意识地改变感觉和情绪。

人们渴望改变、提升的欲望和动力一直是存在的。据统计，美国约有 7% 的 12 年级学生尝试过阿片类物质。为什么会这样呢？因为他们在尝试之后感觉更快乐、更敏锐、更有同情心，情感体验更丰富，对音乐、色彩也更敏感。

对一些人来说，这类物质还可以显著改善他们的性体验。阿片类物质的共同点就是可以改变情绪和感觉，调节、平息你身体和意识里的各种“恶魔”，让你对自己感觉更好。这类物质主要是通过调节身体内的血清素、去甲肾上腺素、多巴胺、肾上腺素、章鱼胺以及其他多种生化系统起作用的。

我们仍然需要更多地了解各种药物会如何改变大脑，如何影响不同的人。正如玛丽所证明的，标准化剂量没有太大的意义。而我们对多种药物的相互作用仍缺乏了解。不仅是药物本身，特定的基因变体或食物都可能会影响大脑和药物的相互作用。研究表明，超过 85 种处方药可能会与葡萄柚汁发生相互作用，其中至少有 43 种会产生严重后果，而相关的副作用可能持续数周。已有研究证明，在服药后两周内食用陈年奶酪可能引发对人体单胺氧化酶抑制剂的不良反应。

我们仍然不知道如何限定药物，让它们只发挥应该有的药效。一页又一页明朗又喜悦的药物广告册里，总是画着快乐的病人跑过草地去拥抱心爱的人。但实际上如果我们用了错误的剂量或把药用在了错误的病人身上，就可能导致可怕的后果。然而，这些都不能阻止我们用化学药剂来刺激大脑改变自己的感觉。在明尼苏达州的罗彻斯特，梅奥诊所附近的奥姆斯特德县树木茂盛的郊区，在 30 ～ 49 岁的女性中，几乎每 5 个人中就有 1 个在服用抗抑郁药物，比例大约是男性的两倍。随着年龄的增长，服用“妈妈的小帮手”[①] 的女性人数比重也在增加。阿片类止痛药也很受欢迎，大约有 16% 的 30 ～ 49 岁的明尼苏达妇女都会服用。

2014 年，人们发现苯二氮平类药物的使用与阿尔茨海默病的患病率显著增加有关。这一事实关系着数百万人，因为它意味着广泛使用的抗焦虑药物（包括劳拉西泮、氯硝安定、安定、阿普唑仑）可能会产生长期的影响。病人

① 指甲丙氨酯，弱安定药，用于治疗烦躁、焦虑和神经衰弱性失眠等症状。——译者注

服用药物的时间越长、剂量越大，患阿尔茨海默病的概率就越高。不过，这个发现只是一种相关性，而不是因果关系。有可能不是用来治疗焦虑的药物，而是焦虑本身才是造成阿尔茨海默病的主要原因。这里值得注意的是，也许今天使用的一些药物可以从根本上改变我们的大脑。现代社会进行的大规模实验，虽远不如玛丽那样激进和野蛮，但从部落和乡村走入拥挤的城市环境，难免会让人觉得自己仿佛置身于茫茫人海之中，孤立无援。许多人求助于化学物质来改变或调节感受、行为、生活甚至配偶，其实是在利用化学手段获得更好的生活。

化学家们非常擅长构建新的医用化合物，而这些化合物的目标大多指向了特定的大脑受体。靶向化合物正在迅速取代许多昔日的全天然药物。在遥远的丛林中生长的毒品原材料，经过漫长的运输，在实验室里被制成了非天然的、合法的化学药物。在过去的 10 年间，美国各地的合法阿片类药物销量翻了两番。2010 年，美国的阿片类药物的产量达到了可以“治疗每一个美国成年人”的程度，相当于每人每 4 小时会服用 5 毫克的氢可酮，持续 1 个月。“如果你是中年人，那么你死于服用药物的可能超过了死于车祸的可能。”

除了纯度和质量的差异以外，合法和非法药物之间的界限也正变得模糊。根据美国国家药物滥用研究所的说法，“哌甲酯这样的药物产生的刺激，跟可卡因在神经递质系统中起作用的效果是一样的。阿片类止痛药，如奥施康定，与非法阿片类药物，比如海洛因，作用的是相同的细胞受体；处方类镇静剂可以带来的镇静效果，跟地下俱乐部提供的洛喜普诺没什么不同；止咳药右美沙芬与五氯苯酚、克他命作用的是相同的细胞受体，剂量足够大时产生的体验也是相似的”。

能改变情绪的化学物质现在已经成为人类日常生活的一部分。通过调节，我们可能会更具同理心、共情力和幸福感。我们也可以通过“钝化”作用来调节、控制或驯化一些行为和习惯。而这种不断将非自然的化学物质引入身体和大脑的行为也会带来严重的政治、安全、伦理和道德问题：我们应该如何调节和控制自己最基本的感受或行为？越来越强大和有针对性的情绪药物意味着我们的后代能够自己选择去体验异性恋、同性恋、抑郁、愤怒、快乐、外向、内向等无数种身份或情绪，而这些身份、情绪或人格特质在没有亲身经历过的情况下很难产生共鸣。未来，我们也可能会彻底地改变自我，重新设计自己的情绪和行动。化学物质会影响我们的身体发育，影响精子和卵子的表观遗传信息编码，决定我们与哪些微生物和病毒共享同一个身体。非自然的、人为的化学干预投下了命运的毒素，留下了长期的遗传记忆，这些记忆会严重影响我们的自我，决定我们的退休生活如何度过，我们未来的孩子如何成长，以及人类未来会走向何方。

EVOLVING
OURSELVES

第 24 章

定向调整大脑，延缓衰老，定格青春

人类注定会衰老和死亡吗？好消息是，我们已经可以通过基因工程获得相当于人类 500 岁的生命了；坏消息是……这项技术目前还只限于蠕虫。通过修饰蠕虫的基因，抑制胰岛素 /IGF-1 信号系统，我们可以将蠕虫的寿命延长 30%。而抑制营养素感应 TOR 路径的话，蠕虫的寿命可以延长一倍。这令科学家不禁设想，如果同时修改两个基因，是不是可以将蠕虫的寿命延长 5 倍？未来，科学家的任务将是把这些发现应用在人类身上。

从古至今，不论是冒牌医生还是研究人员，他们似乎都在寻访青春的源泉，还开发出了号称可以永葆青春、长生不老的疗法。20 世纪 20 年代，寻求“返老还童”之术的外科医生开始从幼年绵羊身上移植睾丸。各式各样的移植实验之后，奇怪的操作仍在继续。2013 年，哈佛大学的研究人员将一只年轻老鼠的循环系统和一只年老老鼠的循环系统结合了起来。四周内，年老老鼠的心脏病消失，器官恢复了活力。不过，他们的计划并不是在青年人和老年人身上应用这项技术，而是分离出帮助心脏恢复健康的成长基因 GDF11，并开始转向人类临床试验。

在过去的 20 年里，我们期待一长串基因（IGF、GDNF、BDNF、EGF、IGF、VEGF、SDF、HGH、GnRH、TGF、EPO、FGF、NGF、GM-CSF、PDGF、PGF、HGF……）可以帮助人类修复或改变身体的各个部位。这些实验中的很多确实都显示出了某种希望，每个都可以将死亡推得更远一点，以至于医学博士们现在已经开始将衰老视为一种慢性疾病了。但真正的问题是，将这些治疗措施结合在一起后，我们是否会像被改造的蠕虫一样，寿命延长 5 倍？

我们的大脑会制造 GnRH——一种控制性器官的激素，用于调节青春期发育和生育能力。当把这种物质注射到老年老鼠体内时，老鼠身上出现的与年龄相关的疾病就会减少，寿命也会延长 25%。我们还不知道 GnRH 是否会在人类身上产生同样的效果，但有研究表明，在 40 岁后仍然具备生育能力的意大利女性更有可能活到 100 岁。而睾丸素不足的韩国宦官的平均寿命比同龄人长 17 年。想要永葆青春？那你是选注射 GnRH 还是选被阉割，又或是选择其他可能延缓衰老的物质——NAD+、TFAM 或白藜芦醇？

遗传学家埃里克·托波尔（Eric Topol）对那些活到 90 岁以上且没有患慢性疾病的群体的研究为我们应该向激素混合物中添加或减去什么成分提供了线索。在美国，年龄在 75 岁以上的老年人口中接近 45% 的人从未接受过住院治疗，另有近 30% 的人只进行过一次人为干预治疗，例如人工膝关节置换。这些人的经历似乎说明，老龄化是可治疗、可推迟的。随着年龄的增长，大约有 70387 个与年龄相关的表观遗传开关会发生变化，其中约有 56% 的开关将会开启，约有 44% 的开关将会关闭。一旦我们能够正确地调节这些开关，就可能改变部分衰老的过程，甚至理解为什么男性的衰老速度要比女性快 4%。我们在延长寿命这件事上已经取得了一些显著的成果，仅仅通过加强锻炼、改善营养、注射疫苗和服用抗生素，人们就可以对抗一系列疾病，延长寿命。在丹麦，1895 年、1905 年和 1915 年出生的人活到 90 岁以上的人数每 10 年会增加 30%。在全世界范围内，各家保险公司的寿险精算表都显得过于悲观了，而各国的社会保障体系在经济上都显得非常吃亏。随着基因疗法的发展，长寿纪录和“最年长的 ×× 人”的记录将一再被打破。因此，下次如果一位八九十岁的老人在半程马拉松赛中超过你时，你可千万别觉得难过。

如果可以改变激素和基因以延缓衰老过程，我们也可以将这些技术用于其他目的。也许有一天，基因外科医生不用动刀或注射肉毒杆菌、填充物，只用开启或关闭特定基因的表达就可以帮患者整容；也没准儿插入一个 ABCC11 基因的变体，就能消除腋下的臭味，或者服用抗皱药就可以减少鱼尾纹。

目前，DNA 测序结果已经可以利用统计学方法推断测序者头发和眼睛的颜色、种族血统以及其他各种身体特征了。基因地图也会变得越来越精细化。一项研究测量了人类脸部的 7000 个特征，还测量了许多已知能够控制骨骼结构形成的基因中的 DNA 差异，根据这些测量结果，研究人员就能推断出一个人的长相。在考古挖掘中，如果发掘的骨头带有 DNA，但是缺少头骨，人类学家就可以利用这些技术来尝试还原人类祖先的样子。宾夕法尼亚州警方已经在运用同样的技术来寻找连续作案的强奸犯了。未来有一天，如果我们的技术足够成熟，一些父母可能会希望通过遗传和表观遗传手段调整孩子的长相。

基因手术可能有一天会被用于治疗比较严重的恐惧症。有研究显示，约有 5% 的西班牙人患有恐惧症。假设你开车去某个地方接孩子，突然间，你的大脑化学系统让你陷入了极度恐惧，你开始打寒战、出汗、恶心、心悸。如果不是因为你的岳母或婆婆突然来访，那么这种症状反复发作的原因可能是 NTRK3 基因出现了错误。这种变化会导致海马体和杏仁核之间沟通不畅。海马体主要负责指导记忆的存储，杏仁核主要负责存储环境记忆并驱动适当的反应，两者沟通不畅就会造成不适和恐慌。一种被称为 Tiagabine 的药物有时可以帮助患者重置导致恐慌反应的记忆，同时也会带来一些有趣的问题。我们能系统地调节人类的恐惧吗？人们很容易理解为什么调节恐惧对于我们很重要，不仅那些遭受恐怖袭击的人可以受益，或许军队或安全机构的工作人员也可以从中获益。更进一步设想：人们会不会想要在个人或家庭的基因中修饰像 NTRK3 这样会导致恐慌的基因？

虽然具有针对性的大脑定向调节听起来很像科幻小说，但正如我们所看到的，现在已经有了越来越多远超于控制恐慌的例子。也许将来基因手术会像今天的整形手术一样普遍，这不仅会改变人们的外貌和寿命，也可能会改变我们基本的感受和行为，甚至还会有一套工具可以非自然地调节人类自身……

EVOLVING
OURSELVES

第 25 章

重写身体和借助信息素，让他 / 她爱上你

选择跟谁生小孩可能会是你做出的最重要的决定。在选择伴侣时，你要当心非自然选择法则的影响，因为你看到的不一定就是得到的。当人类发展出更复杂的伪装手段时，我们的性、交配和繁殖就变得充满了欺骗、掩饰和谎言。

鉴于外貌在人类配对选择中的重要性，这个方面已经成了人类实践非自然选择法则的首要领域。从早期的墓葬到古老的木乃伊，无论是在南美洲、非洲还是亚洲，人们都在拼命凸显或隐藏自己的某些外貌特征。人类文身的历史至少有 5000 年，而尼安德特人可能在 5 万多年以前就在使用化妆品了。

有了化妆品和整形手术的加持，我们就可以吸引那些通常不会想跟我们交往的人。人类的眼睛、大脑及其他身体部位能敏锐地感知到有关他人繁殖能力的细微信号。几千年来，人类的感官一直在磨炼中持续进化，以便很快判断对面走过来的人能否成为一个好的伴侣：他或她的皮肤和头发看起来健康吗？年

龄多大？面部是否对称？在一夫一妻制社会中，选择伴侣是一个特别重要的决定。想想吧，如果你只能与一个人一起生育……考虑到自己的缺陷，如果想要一个有着多种优秀特质的孩子，你确实应该找一个完美丈夫或妻子。

美国人每年在化妆品方面的花费接近 2500 亿美元，从中可以看出，人们在多么努力地改变、强化或遮盖天生的样貌。在每年发生的 1460 万次整形手术中，很多在医学上都是非必要的。很久之前，所有这些修饰的行为都被认定是违法的。早在 8 世纪时，英国就曾通过了一项法案，其中规定“所有女性……在该法案生效之后，凡通过使用香水、颜料、化妆品等物，引诱或背叛陛下的臣民……将受到巫术的处置。一旦定罪，他们原有的婚姻将被判定无效”。

尽管这些法律条文在今天看来非常可笑，不过确实有些人认为整容手术是一种欺骗手段。伦理学家克里斯蒂·斯科特（Kristi Scott）认为，“进化是一个物种不断努力传递最佳基因、繁衍后代的过程。而新兴的整容手术相当于是在主观故意的情况下通过改变外观上的缺陷来作弊，忽略了留有缺陷的生命密码……现在有越来越多的人在非常年轻的时候就涌向了整容手术台，无论医生还是消费者都需要了解和讨论一下这种戏剧性的潮流对两性配对方面产生的影响”。传统的寻找最佳配偶的方式是从头发、皮肤的状态或某些身体部位的肥胖水平中获得线索和信号，不过现在这些线索正在被掩盖或彻底改造。这种现象也不仅仅发生在好莱坞，据统计，伊朗人接受鼻子整容手术的比例在全世界范围内是最高的，是美国的 7 倍。

暂且不论道德与否，化妆品和整容手术确实是有效的。那些经过“修整”的人通常会被认为更美丽、更有能力。某些很容易看出破绽的整容样貌，比如肉眼可见的夸张、大小严重不合理的乳房，当事人不仅不会产生心理负担，反而会觉得这种特征是被赞赏的。哥伦比亚的一部广受欢迎的肥皂剧名字就叫作“没有乳房就没有天堂”（*Without Breasts There Is No Paradise*）。

许多人都会忍着巨大的痛苦，花费巨额费用去做双眼皮、腹部抽脂和鼻子缩小等手术，通过注射抚平皱纹，目的就是吸引那些原本对他们不感兴趣的人。

有足够的证据表明，作为一个物种，人们并不满足于掩盖自身的缺陷，还想要实现彻底的改变，而且现在我们已经获得了这样的能力。新兴技术的爆发式增长，使得我们可以非随机且非自然地改变自己的身体外观。美妆市场上增长最快的一类化妆品是“药妆品”—— 一种具有生物活性成分并能起到药物效果的化妆品。这类产品包括能长出更长睫毛的处方滴眼液、可吞咽式香水、祛疤膏等，名目之多，不一而足。有时这些产品带来的变化是永久性的，比如人类生长激素。现在，生长激素已经走出医院，走进了各类美容院。原因很简单，在当今社会，更高大的身材往往意味着更高的收入、更好看的合作伙伴和更强大的权力。研究表明，男性或女性的身高每增加 10 厘米，他们的平均收入就会增加 1874 ～ 2306.8 美元。

除改变样貌之外，改变化学环境是诱导非自然选择的另一种方式。无论是在太平洋中的岛屿上，还是在洛杉矶、墨西哥城或罗马，爱的发生过程都是一样的。就算你没化妆就出去见人，遇见讨厌的亲戚，跟不喜欢的朋友出去玩儿，遇到爱的瞬间，你的吸引力都不会轻易消散。目前，科学家在理解爱的化学过程如何发挥作用的时候，大量的研究是集中在气味上的。鉴于人类可以分辨约一万亿种不同的气味，因此想要理解爱的发生过程还需要做大量的工作。

气味会诱发各种情绪。在 2013 年的一项极具创造性，甚至有点不合情理的实验中，一群穿白大褂的家伙对着雄性果蝇释放了雌性信息素。然后，他们把这些雄性果蝇和正常雌性果蝇关在一个箱子里，由于正常雌性果蝇并不处在发情状态，雄性果蝇就只能压抑着欲望，没有办法交配。实验表明，在强烈的雌性信息素刺激下，雄性果蝇会被诱导进入一种极度渴望交配的状态。很快，科学家们就得出了具有统计学意义的结论：气味可以诱发欲望。至少在雄性果蝇中，反复的性唤起与性压抑会造成一些长期性的健康问题：脂肪快速流失，压力增大，寿命变短。

许多哺乳动物的性和嗅觉也紧密结合在一起。犁鼻器可以通过检测信息素告诉动物，谁已经准备好了繁殖和交配。接着，它们的性意识就会被唤醒并采取行动。如果我们对哺乳动物使用信息素作为信号、引诱剂或刺激剂了解得更多，就更有可能在人类身上发现相同的“化学机制”。关键问题在于，人类没有犁鼻器，因此也就没办法检测到信息素。就算这些分子及其受体在人体中存在，我们也还没有得到确凿的证据。这也是我们会看到诸如《关于人类信息素的事实、谬误、恐慌和挫败》这样的文章的原因。2014 年，有研究评论更是犀利地提出了质问：“人类信息素真的存在吗？”

我想说，确实有一些诱人的线索暗示，人类性信息素是存在的。一个实验研究发现，男性会认为正处于排卵期的女性穿过的 T 恤非常具有吸引力，而女性之间会以某种方式彼此同步月经周期。除此之外，女性更喜欢那些与自己拥有不同免疫系统的男性穿过的 T 恤，并且更愿意与那些与自己拥有不同抗体库的人发生关系。这种选择确实具有生物学逻辑。使你的免疫系统和 HLA 抗原与一组有着很大差异的免疫标记混合，可以最大限度地增强后代的免疫力。这一发现似乎可以用于解释为什么人们很少会与自己的兄弟姐妹结婚。而这件事的另一面是，这种伴侣选择模式会使得如果哪天你需要器官捐献，而你的免疫标记与伴侣有很大不同时，他 / 她几乎无法与你匹配。器官移植也是在人类历史上相当晚的时间才发生的现象，也是另一个很好的例子，可以用于说明最不“自然”的做法如何挽救生命。

确实，几个世纪以来，我们一直掩饰、改变或增强自己嗅闻味道和品尝味道的能力。但到目前为止，大多数方式还是以装扮样貌为基础的，而不是基于生命密码这个底层逻辑。30%的全球顶级美妆品牌已经存在了一个多世纪，超过 60 年的品牌更是超过了 82%，实质上，美妆市场已经形成了一种典型的基于大量广告和品牌推广但很少有技术革新的市场结构。化妆品公司 4/5 的预算都用在了广告营销方面，而不是用于研发。但这种情况可能很快就会发生改变，整个化妆品行业都可能被颠覆，进而干扰我们与谁结为伴侣的选择。

暂时用化妆品来掩盖某些东西，与真正改变身体以及身体在吸引力和生殖健康方面所释放的潜在信号是不同的。现代化学可能会严重干扰我们给潜在伴侣发送信号。例如，如果一个女性使用避孕药，那么她识别男性免疫系统标记物的能力就会下降。这样一来，她就不会选择一个可以使自己的后代免疫系统多样化的伴侣，反而倾向于选择一个与自己更为相似的人。

在研究大脑接收的信号或者解释这些信号的工作方式时，我们也可以开发一些化学手段来改变人们选择理想伴侣的标准。只有 5%的哺乳动物会选择与一个配偶相伴终生，只有 27%的灵长类动物是遵循一夫一妻制的。一些草原田鼠也是一夫一妻的，但这主要取决于它们的大脑受体是否受到了刺激、压抑和欺骗，以阻止催产素发挥作用。经过实验干扰，即使是最忠诚的田鼠也会垂涎它们的邻居。

尽管人们喜欢相信完全自由的意志和选择，但实质上，特定的行为和特质往往是基本的化学过程驱动的结果。人体内的“联结激素”（包括催产素）水平的波动已被证明会影响人们的日常选择和行为。例如，部分具有特定催产素受体基因亚型的瑞典女性，引发婚姻危机的概率高出正常水平 50%。

人类大脑中涉及成瘾的区域也有非常多的催产素受体。有研究表明，“一夫一妻制物种身上与成瘾有关的大脑区域中有着大量催产素受体，而非一夫一妻制物种则不然”。就像歌里唱的，我们会“沉迷于爱情”。另一种“联结激素”精氨酸加压素过量或缺乏，也是预测一个男性在一夫一妻制婚姻中的表现的重要依据。当你想要对一个人的品性做出判断时，你可能希望测试一下未来女婿或丈夫的 AVP334 基因变体。有这个基因变体副本的男性不太会依恋他们的伴侣，并且更有可能在过去的一年中考虑过离婚。携带两份基因变体副本的人经历婚姻危机的可能性是那些没有副本的人的两倍。

不久以后，我们可能会将化学治疗应用到夫妻治疗中。在诊断方面，处于关系危机期间时，女性体内的催产素水平可能比较高，而男性体内的精氨酸加压素水平可能比较高。因此，如果你发现女友或妻子经常对你大喊大叫，而你其实也没比平时更混蛋时，也许你应该考虑买瓶催产素喷剂送给她。随着对如何修改大脑化学平衡和身体化学平衡了解得更多，我们就越有可能对人类最基本的信念、行为和欲望施加影响。人们越来越擅长为实现某些特定的目的和任务而设计更加强大的催产素变体，造成的一个结果是，我们可能会发现自己能够与那些原本不会喜欢或不会被其吸引的人相处和发生关系。

尽管激素受体是决定性行为的关键因素，但很多研究人员往往不敢涉足这一领域。生物医学学术研究网站 PubMed 上涉及催产素的论文有 22580 篇，其中只有 16 篇提及了“催产素”“人类”和“性”等字眼。性行为其实是一个研究不足、投入资金不足的科学研究领域，而如果我们想知道关于性、化学、激素方面的更多信息，就要挖掘得更深入。

尽管美国政界的左派和右派在是否支持同性婚姻方面拥有不同的观点，但与那些幕后黑手相比，现实中有更多的问题需要解决。我们知道，环境、压力、水源、杀虫剂、雌激素，甚至体重的变化，都会影响我们的生殖适应度。我们喜欢把性作为一种选择，但实际上它还会受到化学因素的影响。当改变身体里的化学反应时，我们也可能改变自己的性取向和欲望，甚至还包括孩子和孙子的性取向和欲望。事实上，我们可能已经在化学、环境、生殖适应度方面开展了大规模的全球试验：我们的基因组始终保持着跨代的警觉和反应。

由于有关性的研究是一个学术上的盲区，我们仍然对性的生物学知之甚少，包括表观基因组、微生物组和病毒组。人类的繁殖能力以及欲望都处于选择性进化的压力之下，具体表现有青春期提前、晚婚晚育和不婚不育潮流的蔓延，这些都是非自然选择的表现。在更多地了解如何改变人与人之间的亲密关系和欲望后，我们将更好地理解如何去塑造后代和人类物种。

EVOLVING
OURSELVES

第 26 章

药物研发与基因介入，让你更高、更快、更强

奥林匹克运动会的格言是更高、更快、更强。在不断挑战极限的过程中，我们突破了非自然进化和改变人体的界限。当然，也背负着很大的财政压力。

在个人利益层面，运动员会因为成绩带来的声名而无比关心比赛结果。在商业利益层面，单为转播奥运会，美国全国广播公司（NBC）就要支付 44 亿美元。除此之外，人们在各类针对比赛结果进行的“赌博”中下的注也高达数十亿美元。美国的沙发土豆[①]每年在各种体育比赛中下的注，相当于泰国、哥伦比亚、伊朗或南非的一个公民在一整年内生产的商品的价值总和。结果就是，运动员会因为强大的经济动机提高竞技水平，甚至不惜为此作弊。当体育、经济和个人野心混杂在一起，要求人体快速改变时，进化本身就犹如掉进了涡轮增压器。

① 指的是那些拿着遥控器，蜷在沙发上，什么事都不干，只会在沙发上看电视的人，主要是强调电视对人类生活方式的影响。——译者注

随着我们获得越来越多的生物学知识，找到修复和升级人类的新方法时，原本用来界定谁有资格在哪些类别比赛中展开竞争的界线正变得越来越模糊。一个正在逼近的困境是：什么人可以在 2021 年东京奥运会期间参加比赛？我们如何定义性别，“自然人”是什么样的？谁应该被定义为残障人士？

当前，世界上只有两种奥运会 ——奥运会和残奥会，也只有两种官方认定的性别——男性或女性。但是，随着我们对越来越多的人进行基因测序，加之法律和社会环境越来越开放，很多之前受到压抑的人纷纷选择表明自己的性取向，人类性别图景呈现出了许多不同的色彩。假如男性和女性的定义并不如我们想象的那么明确该怎么办呢？传统的性别鉴定方法认为，女性的性染色体是 XX，男性的性染色体是 XY。但当一个运动员的外生殖器无法提供关于其性别的明确信息时，奥运会裁判应该怎么做呢？如果一个人的外部器官属于一种性别而内部器官属于另一种性别，该怎么判断呢？如果一个人的外生殖器在出生时已被“纠正”以符合某一类别或另一类别，该怎么判断呢？如果激素或性染色体特征与身体的性别特征有明显差异，又该怎么判断呢？如何处理那些有着女性的生殖器但性染色体是 XXY 的选手，她们还算不算通常意义上的女性选手？

澳大利亚是最早承认性别多样化的国家之一，其公民护照上的性别选项有三种：男性、女性或 X。2013 年，德国成为第一个允许“不确定性别”作为公民身份证件选项的欧盟国家。我们是否应该对奥运会运动员展开精确性别检测和敏感性药物检测，以判断女性运动员是否患有高雄性激素症？通俗地说，这就意味着 TA 们有着男性的骨骼结构和肌肉组织，有着没有乳房、阴唇黏合和阴蒂增大等生理特征。关于如何对奥运会选手进行性别鉴定，评判谁应该在哪个类别中参加比赛已经引发了人们的激烈争论。事实上，这个问题涉及很多变量和优先性排序，正如一位专家在其博客中写的：“即使是基因检测也无法帮助我们判定一个人的性别。真正的性别判定非常复杂，我们必须采取多学科的方法，邀请内科专家、妇科医生、心理学家、遗传学家和内分泌学家共同参与。”

随着越来越多的化学物质进入生态系统，我们可能不得不修改生殖和性别的定义。许多物质都会影响人们的生育能力、肌肉力量，甚至是迈尔斯－布里格斯性格类型测试的结果。无论人们是否刻意服用化学物质，它都可能改变人的生殖系统。例如，普通的除草剂阿特拉津已被证明会使雄性青蛙雌性化。碳和氧气、氯气一起燃烧时会产生二噁英，而二噁英会导致精子数量减少、免疫力降低。潜在的性别改变因素包括有机磷农药、汞、砷、铅和乙二醇醚，这些物质会使老鼠的睾丸萎缩。广泛应用于环境工程的许多物质产生的影响，最先就是在对运动员进行日益敏感的性别鉴定及血液兴奋剂测试中显现的。

随着内分泌学家，即那些通过调整某些基本激素改变我们的本能、欲望和行为的医生，对激素起作用的方式和临界点了解得更多，他们为一些年轻的父母和青少年提供的选择也越来越多。如果婴儿体内的 21- 羟化酶水平太低，一个可能的后果就是他们会显得“过于男性化”。由于化学物质失衡的程度不同，所谓“过于男性化”的症状范围十分广泛，包括女孩出生时就具有过大的阴蒂或具有几乎完全成熟的男性性器官。其中有些情况可以通过药物和手术进行矫正，尽管其中一些治疗方式可能未经美国食品药品监督管理局批准。每个病人的药物服用剂量也可能会有差别，甚至同一个病人处于不同的身体状态下也会有很大的差异。比如当病人个体面临较大压力时，医生可能会开出两倍或三倍剂量的药物。

在许多体育项目中，运动员面临的真正的激励和压力是“更男性一点”。随着科学家用化学物质和生育促进剂或其他东西来改变我们的身体，他们也可以改变人们的性别认同和运动能力。当下，我们的知识和技术能力还不成熟，无法精准操作，最后的结果基本是非黑即白的。随着遗传学和运动医学的发展，科学家一定可以找出打造顶级运动员的确切机制，到那时，对人体进行早期干预和改良的诱惑就会增加。随着药理学家在药物剂量、利用药物进行修饰和调节方面做得越来越好，社会、家长和孩子也面临着很多化学选择：想要个像假小子一样的女孩，还是想要一个温和的男孩？在非自然选择主导的世界中，我们甚至可以改变和修改以前被认为是一个明确的二元问题的答案。

性别判定远不是 2021 年东京奥运会面临的唯一的复杂问题。考虑到未来要面对的多种危机，人们需要辨别谁拥有“自然”的身体而谁不是。卵泡抑素原本是帮助胚胎发育的天然人体激素，在老鼠和猴子体内添加额外剂量的这种补充剂就可以使其力量增强。在人类身上，卵泡抑素的功能是治疗退行性肌肉疾病……一些顶级运动员声称它有助于增加肌肉力量——这可不只与一两个奥运选手相关。目前已有越来越多的新出现的激素和生长因子被证明可以让人类更健康，而这客观上也使未来的奥运会遇到的状况更加复杂。

体育和医疗需求汇聚在一起，激励着复合疗法和基因疗法的发现和发展，这些疗法将可以明显改变人类后代的体型、性格、寿命和交配模式。例如，通过基因改造，在骨骼肌中表达 PEPCK-C 基因的雌性小鼠会变得更具攻击性和过分活跃，更年期也会推迟很长时间。在运动能力方面也是一样，表达 PEPCK-C 基因的老鼠全速跑的距离相当于普通老鼠的 20 倍。这种基因表达的效果还可以持续很久，表达 PEPCK-C 基因的老鼠的寿命比正常小鼠长两倍。在此基础上，冒险的人类为了寻求更强的竞争力和更长的寿命，还有多长时间就会开始尝试改造自己？

在对体育运动更狂热的澳大利亚，2010 年至 2011 年期间，边境地区缉获的各类可用于提升运动员成绩的违禁药品增加了 106%。在用量最多的 10 种增强剂中，激素释放肽被证明可以促进肌肉和骨骼的生长，并可用于修复软组织。有些激素变体，比如 AOD-9604，在临床试验中被证明可以促进脂肪燃烧和软骨修复，选择性雄激素受体调节剂被证明可以促进骨骼和肌肉增加（副作用是导致女性男性化和男性秃顶）。机械生长因子可以帮助运动员在举重后快速修复肌肉。整体看来，人们有了越来越多的方式去追求“更快、更高、更强”。

随着化学合成方法的改进，以及新药物的成分与天然的人类激素越来越接近，药物检测正变得越来越困难。在传统检测中，由于大型制药公司常用小分子制造药物——在试管中制取简单的化学物质，因此检测人员很容易检测到这些异物。而目前的生物技术可以利用活细胞生产生物制剂，制造与天然人体蛋白质极为相似的复杂药物。促红细胞生成素（EPO）已然成为环法自行车赛车手的最爱，因为它可以使他们体内携带氧气的红细胞数量增多。目前，促红细胞生成素完全可以用实验室的药品合成，人们很难分辨其与人体内天然存在的促红细胞生成素的差异。在即将举行的东京奥运会上，检测人员面临的最大的问题将是如何检测和规范这些合成生物制剂，毕竟它们看起来与我们身体中天然存在的物质完全相同，只是有时会显得稍微过多了一些。

那些未经改良的、“全天然”的非寻常突变，也会催生棘手的奥运难题。在寻找基因兴奋剂时，奥运会官员有时会遇到一些极其罕见、自然发生的有益基因变异，拥有这些变异的运动员往往有着非凡的表现。这迫使我们不得不思考这样一个问题：那些花费数万小时训练的正常人与那些百万里挑一的特殊运动员同台竞争公平吗？目前科学家发现，有超过 200 个基因和基因变体与或强或弱的运动能力相对应，在某些情况下，自然天性和后天训练会相辅相成。有奥运会裁判在检测芬兰最杰出的运动员血液中的兴奋剂含量时，确实发现了一些化学增强剂。他们还发现滑雪运动员埃罗·曼塔兰（Eero Mäntyranta）体内有一个突变的促红细胞生成素受体，这可以让他在日常状态下产生更多的红细胞，进而使其携氧能力提高 25% ～ 50%。而这位运动员的亲戚中有 29 人也有这种罕见的基因突变。

英国的一项双胞胎研究发现，有 66% 的顶尖运动能力是由遗传决定的。每个可以在没有氧气罐的情况下登顶珠穆朗玛峰的人体内都有一个有利的 ACE 基因变体。几乎每一个力量型的男性奥运会运动员都携带 α - 肌动蛋白 3 基因的 577R 变体。而如果你携带有 577X 的两个副本，也许你应该转而追求计算机编码事业而不是立志成为专业运动员。将来的奥运会该如何对待具有非凡生物特征的“突变”运动员呢？当检测人员发现一些女运动员体内天然含有高水平的睾酮时，我们会要求她们进行手术去除相应的内分泌组织吗？可以想见，这种做法无疑是一种羞辱，十分尴尬，当然也是非自然的。

2021 年东京奥运会可以有三种选择：（1）让那些真正努力又携带有某种突变的运动员展示自己，让那些父母给的基因好、自己又非常刻苦努力的幸运儿展开相互竞争。（2）对于那些有基因缺陷的运动员，我们要创造环境让他们每个人都能在平等的基础上展开竞争。在高尔夫、帆船和其他运动中，这种做法已经被采用了。如果你有一个特定基因的“慢速变种”，那么你将获得 1/10 秒的优先权。（3）随着基因治疗变得更加安全，我们可以让一些运动员进行“升级”，这样他们就能够与基因层面的幸运者以平等的条件竞争了。

在如何辨别、解析和隔离可以带来异常出色表现的事物方面，我们正变得越来越成熟。科学家正在设计通过药物和基因的“介入”来反映出人与人之间无差别的表现和属性。我们也正在提升人们的身体素质和能力。只要“人体升级”的焦点仅限于体育运动，许多科学家都乐于继续讨论。而当有人问起基因变体的影响是否会超出运动天赋的影响时，讨论就会变得冷淡，谈话也会变得紧张起来。在体育运动以外，其他领域是否存在其他积极或消极的基因变异呢？从历史上看，这些会令人感到不适的问题一直被人们以各种理由回避着，而当有些善意的科学家试图回答这些问题的时候却引起了恐慌。基于一些对生命密码、遗传学、表观遗传学或微生物组的研究结果，我们确实发现有一些特定的人或多或少地具有某种特定的天赋，对此，我们需要设立框架和建立论坛来解决由此产生的问题，尤其是在有人会自愿选择利用种种手段增强个人的身体特性和能力的情况下。

EVOLVING OURSELVES

第 27 章

设计器官与克隆人类，打造全新的你

位于角落的喷墨打印机看起来很普通，四个墨盒在平面上来回移动着。但是如果仔细观察一下，你会发现打印头前面有一束激光，主要负责监测打印物表面的微小变化，原来这是一台 3D 打印机。如果你观察了正在打印的东西，你会发现那很像动物的皮肤。

打印机旁边坐着的是维克森林再生医学研究所所长安东尼·阿塔拉（Anthony Atala），他面带微笑，看上去就像拥有人造器官工厂的威利·旺卡（Willy Wonka）[①]。安东尼和他的团队在 1999 年培育了一个人造膀胱并将其植入了人体，而这不过是他们取得的诸多成就中最平凡的一个。他的实验室中展示着各种人造器官，这些器官在实践应用中都获得了不同程度的成功。

① 电影《查理和巧克力工厂》中的角色，是一个巧克力工厂的拥有者。——译者注

人体皮肤是我们身体中最大也最复杂的器官之一，它可以隔绝脏东西，调节人体温度，反馈触感。皮肤有很多层，可以同时进行复杂的多任务处理。当下，当有人被严重烧伤时，医生会从病人的其他部位移植皮肤进行治疗。未来，基于安东尼的研究，我们或许可以用扫描仪测量烧伤的深度，再以 3D 打印的方式生成多种类型的人体皮肤细胞，帮助伤者重建这个复杂的器官。扫描仪会根据烧伤的深度和严重程度来确定某个特定的身体部位的烧伤程度，并用正确的细胞、正确的数量在正确的地方填充伤口。

越来越多的再生医学科学家正在设计更极端的器官。平日里的尼娜·坦登（Nina Tonden）看起来就像一个甜美害羞的瑜伽练习者，而实际上，她白天会忙于研究心脏瓣膜生物工程，寻找帮助设计和塑造视网膜的方法，到了晚上则忙于建立一个开源的“即插即用”式生物反应器，以创建“大规模平行的人体组织培养器”。如果她成功了，其他人也可以参与身体重建的工作。基于坦登、安东尼和其他一些研究人员的工作，不久以后，医院就可能出现类似于超市货架的装置，上面放着可替代的器官支架。这些可降解的模具可以用从患者自身组织中取出的细胞再生出病人需要的任何器官。一旦细胞长成合适的形状和大小，支架就会溶解并提示：“瞧，这是您的再生肾，现在已经准备好可以进行移植了。”因为器官是在病人自身细胞的基础上生长的，所以他们的免疫系统不会出现排斥反应，也就没有必要使用免疫抑制药物来阻止免疫系统做出过激反应。

当我们继续非自然地进化时，我们也在学习如何复制每个器官。这也许听起来有点奇怪或令人毛骨悚然，直到想到我们的牙齿。每个人刚出生时都没有牙齿（为此，每一位妈妈应该最为感激），渐渐地，我们会长满一口乳牙，几年后，这些乳牙会掉落，然后长出恒牙。但是如果我们失去了恒牙，就不会再长出新的牙齿。我们的身体已经显示它可以长出两套牙齿，那么为什么它不能长出第三套呢？毕竟，长出一整套牙齿所需的每个指令存在于每个细胞内的人类基因组中。哈佛大学牙科学院的研究人员已经用小玻璃培养皿重建了许多人的牙齿。如果可以用每个人细胞里的遗传指令重建牙齿，我们就可以破译指令并创建合适的支架，照此逻辑，我们最终也可以重建任何人体器官。

正如可以通过更换磨损的部件来翻新汽车、船只或者飞机一样，未来我们也可以对身体器官进行相同的操作。最终，人类的身体将包含一系列非原生器官，这些器官主要是通过克隆手段在人体外部生长的。一旦有了这样的能力，整个时代就会发生变化。然而，这时我们可能需要看看古希腊厄俄斯的传说。阿波罗神答应满足厄俄斯的一个愿望，厄俄斯说希望自己能活很多很多年，就像握在手中的沙子的数量一样多。但她忘记了告诉阿波罗，她还想要永葆青春。最终，她的身体萎缩到只能被存放在一个小瓶子里。当被问到最想要什么的时候，她回答说："我想死。"

古人告诉我们，永生不死可能只是一个愚蠢的梦想，但如果你能从头开始重塑自己的整个身体，并且一次又一次地重生，那又会怎么样呢？比起在几个实验室已经实现的研究成果，器官工程看起来微不足道。在你的人生故事的起点，来自你父亲的精子和来自你母亲的卵子聚集在一起，形成了一个单细胞受精卵，经过无数次分裂，最终形成了你的雏形。在前 16 次分裂中，每个细胞都是多功能的，这意味着细胞还没有分化，具备形成任何器官的潜能。随着第 17 次细胞分裂，细胞开始分化成特定的类型，形成各种器官和组织。整个过程就像滑雪者在众多雪道中选择了一条滑下一样。而如果没有缆车，重回山顶或只是想回到上一个分岔路口都会非常困难。最终，在缆车关闭后，有些滑雪者就被困在了错误的雪道中。同样，你身体的一些细胞在形成一些身体部位之后，就丧失了形成其他身体部位或器官的能力。

2006 年，干细胞研究者山中伸弥（Shinya Yamanaka）将四种基因注入老鼠的皮肤细胞，使得正常皮肤细胞逆转成了多功能干细胞。后来，他将这些被称为诱导性多功能干细胞的重组细胞植入了代孕小鼠的子宫中。三周后，他们得到了很多在笼子里四处乱窜的克隆小鼠。这些小鼠不是通过怀孕，也不是由精子和卵子结合产生的，而是来自重新编程的皮肤细胞。

山中伸弥的发现帮助他获得了 2012 年的诺贝尔奖［与他一同获奖的还有研究如何用成年蛙细胞克隆蝌蚪的约翰·戈登（John Gurdon）］。这项发现有效地构建了一个细胞滑雪道缆车，它可以将已经滑下雪道的细胞带回山顶——使这些细胞转化为干细胞状态，重新开始分裂、分化。

这是怎么发生的呢？小鼠体内的每个细胞都含有它的整个基因密码，因此，每个细胞都知道如何构建整个身体的基本组成部分。鉴于在小鼠身上取得的成功，我们也可以对果蝇做同样的事情。最终，我们也可以将人体皮肤细胞转化为未分化的人类干细胞。现在，科学家正在用人体皮肤中的细胞培养人体肝细胞和其他器官。

也许有一天，我们将不再满足于更换器官，而是妄图克隆整个身体。这个想法现在看来简直就像科幻小说的情节，但实际上具有很强的可行性，毕竟，我们已经克隆了鲤鱼、猫、牛、鹿、狗、雪貂、青蛙、果蝇、马、小鼠、骡子、猪、兔子、猴子、羊和狼。2014 年，科学家帮助一只老鼠拥有了 25 代克隆体，产生了处于不同年龄阶段的 580 份副本。从技术的角度来看，如果继续发展下去，人类可能在不久之后就可以从商家那里订购另一个自己了。需要说明的是，这里所说的克隆体与原型可能并不是完全相同的。成熟皮肤细胞中的表观基因组与其初次形成的时候并不完全一样；它被修改了，可能会变好也可能不会变好。那么微生物组和病毒组怎么样呢？从技术上讲，这些基因组有一天也应该可以被克隆，我们能做的就是继续保持关注……

人类克隆最终可能会颠覆所有自然选择和随机突变，未来可能不会再发生基因的随机重组，或者说不会再有传统的精子和卵子结合的生殖。相反，一个人的一系列复制品可能看起来非常相似，差异仅仅表现在其表观基因组和微生物组中。到那时，卡戴珊的长相可能会在好莱坞风靡几个世纪。但这真的是逃脱死亡和追求不朽的开始吗？或许我们只是创造了一系列越来越年轻的同卵双胞胎呢？

如果可以通过添加其他东西，比如记忆，来进一步强化你新获得的身体，你会如何选择呢？

EVOLVING
OURSELVES

第 28 章

全脑移植，让你的脑力无极限

如果你失去了肾脏、手臂或大腿，没有人会说你“不再是人了”。器官移植也是如此。如果你身体里跳动着别人的心脏，你也还是“你”。但这一事实并不是一开始就被人们认识到的。世界上第一例心脏移植手术完成时，一些人还曾询问接受者，问他们是否会爱上捐献者的妻子。今天我们知道，心脏由一种特殊而精密的肌肉组成，心脏本身并不具有我们赋予它的种种情绪——“她伤了我的心”“我给了她我的心”“尽心尽力”，这些都只是比喻而已。

大脑才是容纳情感、意识和人性的容器。在法律上，当人们被宣判脑死亡时，我们甚至可以通过停掉所有的生命支持系统来“杀死”他们的身体，因为此时他们就不再被认为是人了。

改变大脑就可能改变一个人，甚至改变人类的物种归属。如果我们能够上传大量的信息到大脑中，或者如果我们能够修改大脑的结构和线路，就相当于改变了整个游戏规则，而关于我们是谁，我们会做什么样的决定，我们有着怎样的想法的问题的答案也会随之改变。

当我们第一次看到人类大脑移植手术时，第一次心脏移植中出现的一些关于记忆或情绪的问题，比如爱情和依恋，很可能会再次出现。一个人的回忆和情绪会与大脑一起转移吗？接受者会被捐赠者的妻子吸引吗？又或是大脑也仅仅是一种电化学器官，而不是所有情绪和意识的载体？

许多道德、伦理和医学方面的顾忌将会在未来一段时间内限制科学家对人类大脑移植的研究。但当这些研究成功时，我们将会得到一些有关人性本质的基本问题的答案。

同时，我们可以得到一些线索和提示，去了解映射和解构大脑意味着什么。秀丽隐杆线虫是一种非常小的、透明的生物，俗称蠕虫。这种生物的结构相对简单，易于观察研究，耐心异于常人的生物学家约翰・苏尔斯顿花了数年的时间，完整记录了这种生物从受孕到完全发育成熟的每个细胞的发展历程。通过显微镜观察每个细胞时，约翰确切地记录了蠕虫的 959 个细胞何时分裂、如何生长、以何种顺序发展成了每一种神经和肌肉，其中囊括了蠕虫大脑中 302 个神经元的每个发展细节（约翰也因这项工作获得了 2002 年的诺贝尔奖）。

之后，计算机科学家戴维・达尔林普尔（David Dalrymple）登场了。戴维 14 岁就成了麻省理工学院有史以来最年轻的研究生。在哈佛大学攻读博士学位期间，戴维的工作是绘制约翰发现的 302 个蠕虫神经元的活动，他为能够有机会从事这项工作感到很开心。这“仅仅”需要他创造一个新的数学分支，使他能够可视化每个神经元的功能、行为和电化学反应。最终，生物学和神经行为学的特定机制可能会帮助戴维和跟随他的科学家得到一个蠕虫的大脑模型，而据此建构的虚拟大脑甚至可以在体外存活，比如在硅片上。

建立一个虚拟的大脑，哪怕只是一个蠕虫的大脑，都可能会给我们解释大脑中的信息如何传递、存储以及改变带来启示。这可能意味着一种终极的存储记忆的方式，然后人们将开发一个界面，将数据、情绪、动作、记忆重新上传到人的大脑中。与此同时，科学家们至少在研究五种转变认知的方式，所有这些方式都可以归结为一句话：体外存储，实时上传。

最直接的做法是像我们对许多其他器官所做的一样：简单地移植大脑本身。最极端、最可怕的外科手术莫过于全头移植了。在研究过程中，科学家会割断老鼠、狗或猴子的整个头部并移植到另一个身体上，或是将其嫁接在第二个头部或大脑上。在你认可这项研究是为了回答诸如“大脑能否重新接上人体脊髓”这样的问题之前，这两种方法都显得非常残酷和“猥琐”。

随着外科手术技术在实现连接或绕路切断脊髓方面越来越成熟，一些人开始思考将人类的头部移植到不同身体上所需的技术。鉴于大脑的物理特性及其内部难以置信的复杂联系，从各个方面来看，移植整个头部和大脑可能比尝试插入和移植大脑的某个部分更容易些。而全脑移植可能会挽救那些其他重要器官衰竭的人，或者在事故中身体被严重毁坏的人。

人体头部移植还会涉及重新连接骨骼和肌肉，到目前为止，我们已经部分实现了这一目标。2002 年，马科斯·帕拉（Marcos Parra）被一名酒驾司机撞倒，他的整个头部几乎全部脱落，只有脊髓和一些静脉、动脉与身体相连。幸运的是，柯蒂斯·迪克曼（Curtis Dickman）医生一直在做相关研究。迪克曼用螺钉将马科斯的椎骨重新连接到了头骨底部，又用骨盆的一部分将颈部和颅骨连接在了一起。结果是，帕拉完全康复了，现在还可以打篮球。

随着心脏移植手术的不断改进，手指、肢体和面部的重新连接意味着动脉和静脉移植技术将变得更加成熟，而且很可能会发展到将整个头部重新连接到静脉和动脉系统。这就留下了整个过程最后也最困难的部分：重新连接脊髓，使神经连接到大脑。在这里，一个在老鼠身上进行的实验为我们提供了希望。

切断脊髓的可怕后果之一是大脑失去对膀胱的控制。2013 年，一支来自克利夫兰的团队通过神经微型移植重新连接了小鼠的脊髓。该实验非常成功，小鼠不仅恢复了部分呼吸功能，还能继续控制身体下方距离大脑更远的区域，包括膀胱。由此可以预见，我们未来将可以在老鼠身上进行全脑移植实验。如果成功了，那我们就可以开始验证各种假说了：如果老鼠事先知道了如何寻找食物或者穿越迷宫，那么该老鼠的头在移植后是否会将这些知识带到新的身体中?

还没有人尝试过人类全脑移植，我们也不应该这样做。就现有的技术和知识而言，现在尝试风险太高，投机性过大，成功的机会很小，还要面对判定和确认捐赠者资格的道德挑战。但是随着科学的进步，终有一天人们将能够移植大脑的某些部分，那时人们就可以回答关于意识、记忆和个性的一些基本问题了，而不必担心这个人该携带什么样的护照，带指纹的那个还是带照片的那个。

在全脑移植技术发展成熟之前，我们仍然有很多问题有待解决，因为即使是微型移植也可以产生巨大的影响。道德约束限制了我们可以在人类身上进行的实验类型，在此前提下，科学家在模糊动物和人类之间的界限和差异时也变得越来越具有创造性了。人体干细胞作为一种多能细胞，正在被广泛地植入其他与人类差别很大的物种中。当我们模糊了物种的界线，人类化某些动物的一部分时，我们“制造”出了长有人类眼角膜的盲鼠。猪的一些器官和生物结构与人类的器官和生物结构非常接近，因此人们也在努力改变这种动物的免疫系统，使它们的一些器官人类化，最终再把这些器官直接移植到人体中。

为了寻找各种治疗神经疾病的方法，越来越多的人类脑细胞被植入了动物体内，结果表明，动物的某些功能得到显著增强。研究阿尔茨海默病的科学家发现，在植入人类干细胞后，小鼠的空间学习能力和记忆力会得到改善。当将人类神经胶质干细胞注入新生小鼠的脑中时，新细胞会迅速生长并最终压倒许多原始的小鼠脑细胞。很快我们就会看到可以快速学习的老鼠，它们能保留更长时间的记忆，并以比正常小鼠快三倍的速度传递某些信息。值得注意的是，后一种方法移植的是神经胶质细胞，即可以保存、供养和保护神经元的细胞，本质上还不算神经元移植，所以这种移植不太可能转移记忆，但可以明显增强认知。

如果我们能够将人类细胞移植到动物的大脑中并显著提高后者的认知能力，就可以推知人们可以移植并提高和发展普通人脑。科学家将干细胞移植到帕金森病患者的大脑中的实验已经显示出了一些相关的可能性，尽管还不一致。具体说来，我们从谁身上在什么阶段获取干细胞，通过怎样的方式获取，最终都可能使实验结果产生很大的差异。这也可能催生一系列道德和伦理问题：你是想要移植普通人的细胞还是天才的细胞？当我们继续寻找各类神经疾病的治疗方法时，可能会发现越来越多可以显著增强和改变各种大脑功能的干预措施。这将为我们增强、发展和构建全部器官中最能体现人性的那个部分提供更多的选择。

同时，我们也在不断尝试通过内部和外部的电子输入“升级”大脑。在猴子头骨上放置精密电磁铁可以指导它们在 5000 个随机物体中挑选出指定的某一个，准确度比普通猴子高 10% ～ 20%。科学家对 7 名癫痫患者进行的早期测试显示，植入电极可以极大改善他们大脑中的导航系统。很快，“残障人士”在这项任务上的表现就可能超过神经疾病患者。2015 年，针对人类脑部深处的刺激就已经进入了早期临床试验阶段，目的是提高阿尔茨海默病患者的记忆力。如果像这样的技术真的有用——一个大写的“如果”，那么它们就可以被广泛应用，以提高人类的记忆力。甲壳虫乐队曾经唱过“你需要的只是爱”，而埃德·博伊登也许会反驳说，也许你真正需要的是一个非常简单、现成的激光和病毒注射系统，主要用于体内的神经调节。

药物为我们提供了另一种增强或改变人类认知的途径。虽然我们经常指望一杯含有 3 倍浓缩咖啡因的饮料能够提升我们的思考能力，但茶、功能饮料和其他含咖啡因的食物带来的提升效果都只是暂时的。莫达非尼这种药物最初的目标是帮助人们睡得更好，但结果表明，它可能会产生持续很长时间的提升记忆力的“副作用”。随着科学家更好地了解大脑的生物化学系统，我们会发现更多提升、锤炼、改善认知的方法，再次非自然地改变人类物种。

回到麻省理工学院的博伊登实验室，研究人员正忙于制造微型电脑芯片，内置数千根 1/1000 英寸[①]宽的针，这些针可以测量或改变单个神经元的活动。这些实验产生的信息量非常大，以至于他们不得不重新设计计算机接口。现在，他们可以直接将大脑中的数据下载到电脑内存中。这对于谷歌和维特这样的公司而言可能很有用，它们渴望拥有这种大规模的直接下载功能，以达到一些更日常的目的，比如高效地从网络中抽取大量数据，并将它们导入服务器。

如果大脑这个“协同处理器”可以连接单个脑细胞或一组细胞，那么拥有高效的内部和外部接口就意味着我们可以记录和控制大脑外的记忆了。这听起来是不是很像科幻小说，事实上，我们已经可以将关于执行特定任务的记忆从一只老鼠身上转移到另一只老鼠身上了。

还记得早期的计算机有多笨重吗？后来，人类逐渐发明出了台式机、笔记本电脑、平板电脑、智能手机、谷歌眼镜和电子隐形眼镜，界面变得越来越有用且无处不在。一切都变得理所当然、稀松平常。手机成了我们的生活和记忆的延伸，平均而言，每个人每天会查看手机 150 次。而在未来，我们可能会经历一个与大脑接口的发展类似的过程。早期的巨型 PET 扫描和 MRI 机器已经被小型的电子、化学、基因和光学界面取代，以存储、指导或控制某些大脑功能。

---

① 1 英寸约等于 2.54 厘米。——编者注

随着科学家更好地理解大脑，我们其实是深入探究了人类最根本、最重要的部分。没有任何一种器官能像大脑一样体现我们作为人类的身份。当我们重建、储存和输出大脑回路时，当我们改变微小的三维脑组织时，就是在以完全非随机的方式推动着进化。这些技术可以帮助我们回答一些根本性的问题：什么是意识？当我们用化学、电子或光学方法改变大脑时，是否会改变自由意志和人性？距离我们改变人类的大脑，并使这些变化不可逆转地成为每个人正常生活的一部分，使我们成为另一个不同的物种，还需要多久？

人类的核心愿望是变得更聪明，知道得更多，毕竟这也是我们能够到达物种金字塔顶端的原因。技术、安全、监管以及伦理障碍当然可能会延迟大脑芯片或其他植入物的广泛使用，但大脑升级一定会发生。人们对进步和激励的渴望简单到无法抗拒。最终，我们的大脑结构和功能将不再依靠自然选择和随机突变。我们的想法将会越来越多地被仿生学、合成神经生物学、神经机电一体化和神经生物材料所左右，更不用说还有基因疗法。我们将开始通过化学、电、光、生物分子、神经芯片和合成的活细胞储存思想。

考虑到克隆人类身体的可能性越来越大，如果能够通过移植大脑或外部存储和下载来移植情感、记忆或意识，人们将可以看到一条通向更长寿命的道路。当身体受损时，我们可以复制它们；当大脑和记忆消失时，我们可以更新或移植它们。就代际而言，我们离实现这个目标还有一段距离。但在进化的时间线上，我们距离这个目标非常接近。人类只用一眨眼的工夫就可以把自己想象成一个可以收集、综合和利用数十亿条记忆和多种情感的物种。当开始考虑真正的远程旅行时，我们甚至可以选择将一部分大脑或认知外包给非碳基生命形式，比如机器人……

EVOLVING OURSELVES

第 29 章

人机共生，未来生活新常态

在旧金山举行的第一次“Arc Fusion”晚餐相当有趣。它的发起人是记者戴维·尤因·邓肯（David Ewing Duncan）和斯蒂芬·佩得拉内克（Stephen Petranek），他们租下了一个剧院，其中摆放了一张 X 形的巨型桌子。他们用剧场的灯光照亮了整张桌子，邀请了多位最奇怪也最有趣的人来讨论人类进化。根据与会者如何回答下面这个选择题，他们给与会者分发了五种颜色的名签：“如果以下这些技术是可行的，你会选择在多大程度上改变自己？”（1）随着膝盖和器官的老化，我只想要稍微延缓它们的老化速度，现在的我很好；（2）每天服用一颗药，使我的注意力提高 25%，力量增强 50%；（3）植入大脑干细胞，进行基因修饰，以提高我的反应速度，也让我更聪明；（4）用比原有的肢体更好、更耐用、更强壮的替代物替代我的腿和手臂；（5）将我大脑中的想法转移到一个机器人身上或虚拟现实世界中，使其持续存在数百年甚至更长的时间。

那么……你的答案是什么呢？

在宴会供应食物从荨麻汤变成有机的阿兹特克巧克力的过程中，辩论变得越来越激烈。正如罗夏墨迹测验[①]反映了人们的人格特征一样，机器人和其他机械也可以反映出类似这样的一些基本分歧：人类可以在多大程度上延长自己的寿命？我们是否要朝着拓宽人类物种定义的道路前进？一个人能否成为意识得到加强而不太需要依靠肉体的人？或许有一天，我们将能够把意识的一部分存储在大脑之外，相关的机器人设计正在加速进行，人类对各种植入物也会越来越适应，在这些方面，我认为人类会走得非常之远。

只有 1/5 的晚宴参与者选择了问卷中最激进的选项：与机器人融合，部分永生。对有用的日常机器人无限期的等待让许多人对与机器人共生的未来心存警惕，这并不奇怪。《杰森一家》（*The Jetsons*）中很早就向人们展示了完美的女仆罗西；《迷失太空》（*Lostin Space*）告诉我们，机器人可以针对临近的危险向我们发出警告；《星球大战》（*Star Wars*）让我们无限憧憬拥有 C-3PO 这样的机器人作为伙伴。但在《终结者》（*The Terminater*）出现之后，突然之间机器人不再那么可爱了。而回到现实，目前唯一运行得还不错的机器人只有 Roomba（iRobot 公司开发的智能扫地机器人）。大多数人还不会把机器人视为与自己密切相关的东西。

但正如在 iGEM 比赛中发生的那样，许多高中生和大学生并不关心我们所了解的事情，他们正忙于构建一个与我们的认知相去甚远的东西。在整个 2013 到 2014 学年，超过 35 万的孩子学会了如何构建能够拾取和投掷沙滩排球的机器人。这些都不是预先设计的或现成的机器。他们是在一些非常具体的挑战中从头开始建造的，没有接受任何指导。除此之外，这些孩子还必须招募 64000 名成人导师和 3500 家企业赞助商。

① 一种心理学测试，主要是通过向被试呈现标准化的由墨渍偶然形成的模样刺激图版，让被试自由地说出由此联想到的东西。心理学家会用符号对这些反应进行分类记录并加以分析，进而对被试的各种人格特征进行诊断。——译者注

相关比赛的名字是由迪安·卡门（Dean Kamen）起的——FIRST Robotics。后来，这个比赛发展成了一场运动、一场思潮、一场对机械教育的崇拜，与卡门那种“不要告诉我你为什么做不到”的态度不谋而合。据统计，卡门本人拥有 440 项专利，其中包括能爬楼梯的轮椅等医疗设备，以及目前市场上的大部分胰岛素泵。

FIRST Robotics 是为数不多的面向大学生的竞赛之一，而几乎所有参赛者都可以成为专业选手。参加过这项比赛的孩子比其他大学生更有机会获得在科技公司实习的机会。FIRST Robotics 举办了近 1/4 个世纪，数百万人在其中适应了设计机器人和与机器人共存的生活。还有很多人获得了博士学位，致力于改变我们与机器人之间的关系，而且在某些情况下还改变了我们与人体本身的关系。

当 FIRST Robotics 2014 年第一届总决赛的讨论转向“机器人将率先击败运动员的首个项目会是什么”时，初听上去好像非常明智。但实际上，机器人或计算机赢得国际象棋是一回事儿，一个职业球队与机器人在网球、高尔夫球、足球、曲棍球或篮球等领域对战遭遇失败又是另一回事儿——这事儿在未来 10 年或 20 年内就有可能发生。这些项目所需要的设计、策略和适应性水平均远远超出了 Roomba 的设计。几十年后，许多球员说不定会利用钛合金的臀部和肘部或可能的眼睛和大脑植入物来增强自己的竞技能力。

在一个又一个领域，机器人已经开始展现非凡的技能。没有其他任何一个人类飞行员会比一个经常在夜间的航母上起降的飞行员更有天赋，因为航母上的跑道会向前向后移动、侧向移动、上下移动，还有不规则的隆起和空隙。这项任务相当艰巨，对飞行员的心率要求也很高，甚至超过了参加空战的飞行员。但在 2013 年 7 月 10 日，那些不看好无人驾驶飞行器的人，全都因为目睹大型无人驾驶飞机在海上着陆而被震惊得鸦雀无声。看到自动化机器比优秀的人类更好地完成任务，是一件至关重要的事。

即使我们还没有意识到，机器人事实上已经出现在了日常生活中。通常，机器人通过测试、批准并在关键场景中使用时，它们执行任务的效率至少比普通人高一个量级。在所有飞行事故中，由于飞行员失误导致的事故数量是机械故障或自动驾驶仪故障导致事故数量的两倍。自动化和人机共存使商业航班的死亡率降低到了四千五百万分之一。未来的发展趋势是，飞行员将会越来越少地操控操作台，直到飞行最终成为像乘坐火车从起点到终点一样，全程无人驾驶。

自动驾驶汽车很快也会像飞机一样普及。人类总是会对情况过度乐观、缺少安全意识、能力不足，美国有93%的司机认为自己的驾驶技术“高于平均水平”[①]。为了帮助这些自大的人，汽车设计师正在将越来越多的计算机和机器人应用到新车型中，包括避免碰撞、自动泊车、车道清障和自适应导航控制。这将在某种程度上减少由于司机在车上一边驾驶一边打电话或者吃汉堡引起的事故。另一项关于马路杀手的统计数据显示，这两种行为非常危险。

当我们开始意识到无人驾驶汽车有多好时，人类司机就会变得不合时宜。而一些无人驾驶汽车的早期使用者，可能是十几岁的孩子或上了年纪的父母，则会如释重负，就像许多足球妈妈[②]和驾车的《华尔街日报》读者一样。也有些人会感到无人驾驶汽车剥夺了他们的自由，在他们看来，驾驶是一种基本的、永恒的自由。也许我们可以换位思考一下，这就像我们的祖辈会因为他们的后代不再教孩子骑马长途跋涉而暴躁或愤怒一样。在几十年内，手动驾驶汽车可能会成为一件新奇的事情，而对于那些能够承担额外保险的人类司机来说则会成为一种娱乐方式。

① 达克效应加剧了这种差异。达克效应是一种认知偏差，主要是指能力最欠缺的人往往也是那些最倾向于高估自身能力的人。

② 泛指北美地区的中产阶级女性，她们大多居住在郊区，她们的日常生活就是带孩子参加各种青少年体育赛事或其他活动，比如足球。——译者注

自动驾驶汽车行业的一个不太令人开心的现状是，除了可预见的让车辆以恒定的速度移动、无缝并行和减少交通堵塞外，还会导致许多“追随”救护车的律师失业。以后我们在高速公路上可能会很难看到这样的广告牌：“受伤了？请立即致电鲍比·乔，他可以帮你在法庭上获得赔付！”汽修厂可能也会受到影响，保险费率会下降，因为醉酒的司机会选择坐到后排去。但这是否意味着以后不会再有事故了？也不是。正如航空业的状况，事故会不断减少。没有了让人分心的短信或电话，挡泥板也不会因碰撞而弯曲，因驾驶员的疏忽和分心导致的驾驶事故发生率将大幅降低。自动驾驶汽车的普及意味着几乎每个“车手”都处于平均水平，而且它们的驾驶能力还会持续提高。

就像在飞机上发生的那样，汽车中仍然存在一些机械发生故障和起火的可能，但是总体上道路交通安全系数将开始与空中交通趋同。鉴于飞行事故导致的死亡率为每 1 亿英里[①]0.003 人，而汽车事故导致的死亡率比这要高出 20333%（每 1 亿英里 0.61 人），所以这真的是一件好事。

这些现象也与整体的人类进化有关，我们将逐渐习惯与机器人共存，把它们掌握在自己手中，甚至植入自己的身体。今天有近 300 万美国人重获新生离不开“心脏起搏器”的帮助。我们不是在容忍迁就机器人，而是越来越需要它们了。FIRST Robotics 的参赛者和许多其他项目的参与者正在设计更多的机器人，这些机器人不仅有用，而且至关重要。

日益增长的需求和压力都促使我们必须在生活中使用和整合机器人。短期内，我们每天做什么、做多久以及与谁一起生活的模式，很可能会经历类似机械化农业改变数百万人的生活习惯和身体那样的变化。突然改变的劳动方式会使得经历几十万年进化而发展出的人体功能失去用武之地，这恐怕才是真正值得我们注意的结果。事实上，每天在桌子前工作 8 小时、10 小时或更长的时

① 1 英里约等于 1.6 千米。——编者注

间，确实会显著提升人们的死亡率，特别是由心脏病、糖尿病和癌症导致的死亡，甚至还会影响人们的生育能力。调查显示，每周观看电视节目超过 20 小时的男性的精子数量是不看电视的人的一半。如果每周锻炼 15 个小时，一个男性的精子数量就会比不锻炼的同性高出 73%。与此同时，佛罗里达州的一些体育馆已经安装了通向大门的短程自动扶梯。

渐渐地，机器人也会成为我们身体的一部分。麻省理工学院的休・赫尔（Hugh Herr）教授经常会跳着进入房间。他拥有极限攀岩者的力量，动作优雅、敏捷，所以除非他穿着短裤，否则大多数人都不会意识到他在冬季攀登期间冻掉的双腿。“帮助残疾人”这个念头激发着很多人去设计和生产更具竞争力的假肢，包括赫尔。利用自己在实验室设计的假肢，赫尔现在几乎可以像正常人一样爬山。在波士顿马拉松爆炸事件发生一年后，赫尔为一位专业的舞者设计了一条全新的腿，使得她站上了 TED① 演讲台，还在台上翩翩起舞。

我们的曾祖父母用来改善听力的大而笨拙的圆锥体逐渐变成了祖父母戴在耳朵上的大盒子（在吃饭和打电话时会发出尖锐的“呜呜”声）。现在，我们的父母则佩戴着近乎隐形且十分精准的助听器。即使是完全失聪的人现在也可以佩戴拥有 22 个频道的人工耳蜗，从而听到拉丁文语系语言中任一语言的说话声。不过，这对于像汉语这样的音调语言来说还不太行，当然也不适用于涉及数百个频道的乐曲声。

随着植入物的不断改善，聋人可能会比听力正常的人更容易听到一些细微的声音。除了音乐之外，一些植入物还可以让人听到一些只能被海豚或蝙蝠听到的声音。最终，人们可能会不满足于只对受伤者进行治疗，获得彻底的感官增强。未来的交响乐团可能只会雇用那些听力得到强化的人，而观众

① 指 Technology，Entertainment，Design 的首字母缩写，是美国的一家私有非营利机构，该机构以其组织的 TED 演讲著称，TED 演讲的宗旨是“传播一切值得传播的创意”。——编者注

也可能会更加挑剔。

近年来，一些残障运动员被指责说他们的身体功能被过度强化了，不应再与“正常”人竞争。除了表示同情和支持外，没有人注意到马库斯·雷姆（Markus Rehm）为在跳远比赛中与身体健全的人进行竞争而付出的努力。经过多年的努力训练，用一条正常的腿和一条假肢进行了数千次跳跃后，2014年，雷姆战胜了德国国家队的队员。但在不到24小时之后，体育当局的反应变成了恐惧，相关官员立即将他从参加欧洲锦标赛的队伍中除名了。

在不同的生活阶段和不同的职业中，人机交互将变得越来越普遍。赫尔针对残疾人设计的相同类型的附件、执行器、增强器以及接口也可以被健全人使用。而普通人也可以习惯于增强身体机能，并视其为理所当然。2013年，赫尔将一个外部骨骼安置在士兵的小腿和靴子上，这使得这些士兵可以轻松地负重行走数小时。此后，士兵们发现，退回没有增强器的状态，行走对他们而言变得困难了。大多数人都反映说，没有了支持设备的辅助，他们感觉自己既迟钝又笨拙。辅助行走设备之所以特别容易被大家接受，是因为从本质上讲，人类无法以稳定的方式用四条腿跑步。相反，人们是用两条腿交替前行的，整个过程需要不断地调整身体的平衡，同时胳膊可以被解放出来执行其他任务。在这个话题上，你可以参考一下丹尼尔·利伯曼（Daniel Lieberman）[①] 的研究——为什么孕妇不会翻倒以及其他一些关于人体的有趣悖论。

最终，我们可能会看到一个心理和身体逐渐交融的人机混合界面。当一名失去双臂的退伍军人出现在迪安·卡门的工作室中时，该团队为这名受伤的士兵做了两条可以精确控制的新胳膊，他可以在不破坏葡萄的情况下把它们捡起

① 哈佛大学生物学教授，以对人类身体的进化研究而闻名，其讲述人类进化、健康与疾病的相互关系的重磅力作《人体的故事》中文简体字版已由湛庐文化策划、浙江人民出版社出版。——编者注

来，然后再给自己煮一个鸡蛋。他的妻子则一直在旁边哭泣，说这是她的丈夫多年来第一次能够自己照顾自己。这种增强最有趣的部分是新的手臂是由这位老兵的大脑而不是肌肉控制的。休·赫尔现在希望他制作的人造腿可以与患者本身的肌肉和神经进一步融合，这样无论是走路还是跑步，人们的意识感知都没有太大的差异。

各种奇怪的联盟都正在迅速推进机器与人的交互。像“人类 +”这样的团体就凝聚了一些志同道合的顶尖学者、狂野西部 DIY 生物黑客、奇点大学企业家、超人类主义伦理学家、抗衰老活动家和极端工程师。他们的总体目标是以各种方式改进和重新设计人体，推动人体机能的提升。短期来看，他们的目标是对抗衰老和日益老化的身体。长远来看，他们则试图将人类的大脑和神经系统与各种机械装置结合起来。他们认为，比克隆或提高人类寿命的做法更好的选择是，将我们基于水和碳的生命形式与更持久的材料结合。那么，这是否是非自然选择的最后一步呢？

EVOLVING
OURSELVES

第 30 章

基因测序，直面差异，获取多样性红利

让我们从一个充满政治意味的观点开始：男性和女性是不平等的。很少有学者敢在公开场合这样说，这也是生物学家戴维·佩奇（David Page）不仅聪明，而且相当勇敢的原因之一。作为怀特海德研究所的所长，佩奇的目标是建立世界上最好的遗传学研究机构。在这个过程中，带着幽默、勇气和智慧，他对神圣的奶牛进行了抨击[①]，研究了诸如为什么男性和女性会以不同的速度患病等课题。在睾丸癌和卵巢癌中当然存在明显的两性差异，但有趣的是，有很多与性器官无关的疾病对男性和女性的影响也大不相同。男性和女性患肺癌和心脏病的概率不同，是因为他们的生活习惯不同，但是像红斑狼疮、多发性硬化症、心脏病、帕金森病、自闭症、精神分裂症和中风呢？有时，特定的疾病对女性的影响是男性的 5 倍。面对男性和女性的身体和免疫系统可能存在的差异，我们应该如何理解呢？

① 指对常见现象的质疑和抨击。——译者注

如果我们认真对待佩奇的问题，并把引人注目的性别偏见撇在一边，就必须对研究进行重大的修正。特殊药物的早期临床试验是否应该区分雄性小鼠和雌性小鼠？我们知道，女性和男性对许多药物的反应不同，例如低剂量的阿司匹林和一些治疗失眠症的药物，两性患者的用量和用法应该完全不同。但实际情况是，针对那些对女性有更大影响的疾病，比如抑郁症，神经科学家在研究时选定的研究对象雌性和雄性小鼠的比例为 1：5.5。药理学家选定的雌性和雄性小鼠的比例为 1：5。

在药物开发的最初阶段使用的培养皿中，基本人体细胞的性别是怎样的？我们知道，男性大脑中的神经元会更关注“兴奋性神经递质”，而女性大脑中的神经元会对导致程序性细胞死亡的刺激类型更为敏感。但事实上，大多数的研究都忽略了最初的细胞系是来自男性还是女性。

一旦真的开始考虑性别差异，真正的影响就会随着人们对佩奇和其他少数人的潜在攻击性而产生。我们应该平等地对待所有不同民族、种族、血型和性别的人吗？在思考这些棘手的问题之前，我们先从一个基本事实开始：由于我们在与最接近现代人的远古人的竞争中获得了胜利，人类成了一个非常单一的群体。一群西非黑猩猩的遗传多样性要远多于一个社交媒体的所有用户的遗传多样性。即使是那些在多能干细胞中体现多样性的遗传因素，在黑猩猩和倭黑猩猩中也比在人类中更为丰富。

有时，即使极其微小的差异也会发挥作用，承认这些差异还有可能提高一个群体的健康水平，让他们过上更令人满意的生活。但事实是，绝大多数科研团体都不愿与这些问题扯上关系。有些人认为，所有基于种族或智商的研究都应该被禁止。在《自然》杂志的读者中进行的一项调查显示，只有 5% 的人愿意研究基因与暴力的关系，只有 6% 的人愿意研究基因和性的关系，只有 8% 的人同意进行与智力有关的遗传学研究，只有 9% 的人支持研究与种族相关的问题。也许有人会说，这些难道不是一种带有明显偏见的研究吗？

令人不安的差异不断出现在各种意想不到的地方。多种他汀类药物被证明可以降低血压，其中一种更适合非裔美国人。一种凝血剂对非裔美国人的作用要比白人小得多，部分原因可能是前者的血液中有着更高水平的磷脂酰胆碱转移蛋白。非裔美国人在癌症和心血管疾病方面发病率较高的原因之一可能是缺乏维生素 D。相关案例还有很多，一些拉美裔美国人和拉丁美洲人可能更容易患上某些疾病，如糖尿病。除此之外，这些群体的内部也有着巨大的差异，墨西哥人的糖尿病发病率是智利人和巴西人的两倍。正如我们需要更好地理解特定的环境的影响一样，我们也需要关注基因表达的差异。

45 ～ 64 岁的非裔美国人死于心脏病的概率是白人的 2.5 倍。研究人员认为，饮食、医疗保健支持和锻炼习惯可能是造成这一差异的首要原因。一家名为 NitroMed 的公司在研究了最初的临床试验数据后发现，非裔美国人对他们的新药反馈良好。但因为结果太过意外，且与敏感的有色人种有关，这项实验被提前叫停了。2005 年 6 月，美国食品药品监督管理局批准了第一项针对特定种族的药物，因为“全黑人临床实验发现，服用 BiDil 的患者经历首次住院治疗后心力衰竭的比例降低了 39%，生存率提高了 43%。”尽管获得了这些积极的、能够挽救生命的结果，该公司还是很快遭到了医生、研究组织和民权组织的猛烈攻击，药物试验以失败告终，该公司也很快倒闭了。如果要说我们从中得到了什么教训的话，那就是即使你能治愈一大群人，有时也尽量不要去做，尤其当涉及敏感议题时。

各大学的研究生院一直在不断地提醒那些满怀抱负的博士们，相关性并不一定意味着因果。“真实但不相关”的残忍判断淹没了许多研究报告。当存在意想不到的相关性时，我们难道不应该依据其科学性作出判断，而不是一味强调政治正确吗？也许我们应该允许研究人员去深入研究肤色或者其他让人不舒服的议题，以便发明出更好的治疗方式。

目前人们没有多少动力去研究不同人类亚群的差异及影响，因为关注差异可能会引发强烈争论，并给公司带来重大损失。也很少有学者愿意涉足这样的雷区，顶尖的科学杂志甚至会明确警告科学家不要去触碰此类议题。如果你指出了人们因种族、收入和地区方面的差异在医疗保健方面获得了不同的待遇，而不是研究不同群体的生物学差异，那么你就极有可能引起众怒。

在主张平等的时代，那些致力于研究某些类型的基因差异的人很少获得祝贺或奖励。基因工程师布鲁斯·拉恩（Bruce Lahn）在《科学》杂志上发表了几篇措辞严谨的研究。他们发现，影响大脑大小的两个基因变异通常会出现在欧洲人而不是非洲人身上。这些研究成果也得到了其他研究的证实。但他们还是引发了激烈的争论和批评。犹他大学的格雷戈里·科克伦（Gregory Cochran）认为，一些特定的非洲人类种群比其他亚群进化得更慢，因为他们是孤立的，不需要适应不同的气候，城市化比较缓慢，精力集中在了狩猎和采集方面。不用说，科克伦也被其他学者和媒体钉在了审判的十字架上。

尽管存在批评、愤怒和误解，研究人员仍在继续发现新的有关基因变异的事实和证据。有研究发现，非裔美国人罹患终末期肾病的可能性是其他人的 4 倍，这可能是由于一种有毒的阿波罗基因变异的高发率引起的。同样的变种也可以预防昏睡病，从进化论角度看，这种情况是解释得通的：携带这种基因突变的个体的生存和繁殖率一般也较高。

拉恩谨慎且专注地致力于发现人类物种的多样性，并提出了三个主要论点：第一，在科学层面坚持人类的生物同一性是不合逻辑的，甚至可能是危险的；第二，忽视群体多样性可能造成了科学和医学的落后；第三，一个承认多样性的健全的道德立场将是人类获得的伟大成就之一。

由于担心失去重要的人类基因组数据，1991 年，路易吉·卢卡·卡瓦里－斯福尔扎博士（Dr. Luigi Luca Cavalli-Sforza）提议，研究人员在收集人类 DNA 的过程中应该尽可能多地共享信息，这样“人类基因组计划”才能反映人类基因组的全貌。他明确声明，我们应该收集各种土著部落和一些孤立的人类群体的基因组信息，但很快，他就因为“剥削”和“偷窃”的名头受到了众嘲，而不是因为呼吁保留那些正在迅速同化和消失的东西而受到尊重。

今天，随着我们对越来越多的人类基因组进行分析和检测，科学家一定会发现更多的差异和不同。遗憾的是，目前很少有可接受的框架或论坛来呈现和讨论这些研究结果。当有大量的数据可用时，没有一个科学的、合乎道德的框架来讨论或解决这些问题，只会使煽动者歪曲各种数据用以支持他们自己的说法。长此以往，一些新的研究方向就会被封闭，最终导致我们无法改进治疗和药物，使它们能够在正确的时间以正确的剂量造福对的人。

EVOLVING
OURSELVES

第 31 章

技术辅助下的生与死

如今早产儿的存活率更多地与人类的欲望、发现和技术有关，而不是与自然选择有关。在达尔文的世界里，很少有早产儿能存活下来。在美国，1990年到2006年间，孕晚期早产儿的数量增加了20%。不仅欧洲各国的新生儿存活率在以惊人的速度增长，就连卡塔尔新生儿的死亡率从1975年到2011年也下降了87%，早产儿死亡率下降了91%。当然，卡塔尔的情况比较极端，石油和天然气的发现帮助当地人实现了财富的快速增长，这在世界范围内都是罕见的。另一个事实是，2010年全世界大约有11%的婴儿是早产儿（小于37周），总数约为1500万。

在存活下来的婴儿中，约17%的早产儿体重刚刚超过两磅[①]，他们在子宫里待的时间可能只有23周，有时甚至是22周。如果没有极端的人为干预措施，所

① 1磅约为0.45千克。——编者注

有这些孩子都会死去。从进化的角度来看，早产儿的存活率是非自然的、由人类主宰世界的一个很好的例子。在这个世界里，人类驱动的选择占据着主导地位。

挽救这么多如此幼小的孩子是一件幸事，但它也会带来严重的、消极的长期后果。在英国，只有 1/5 的早产儿能健康长大，其余的人在 6 岁时就会被诊断出患有中度至重度的精神和认知障碍。那些只比正常婴儿早出生 1 ～ 3 周的孩子，往往会遭遇呼吸困难，需要接受住院治疗，花费更多的医疗费用，出生第一年的死亡率也会更高。早产儿通常需要昂贵的精心护理。在芬兰，照顾早产婴儿的医疗费比足月新生儿要高出 4.4 倍。不仅如此，这种情况对夫妻关系也有影响，荷兰的一项研究表明，照顾严重早产婴儿会使婚姻关系破裂的概率增加一倍，并导致人们更容易陷入贫困（芬兰还是一个拥有庞大而慷慨的社会保障体系的社会）。

现在的我们始终在持续改变着，并且坚信自己改进了传统的野蛮淘汰方式。我们似乎突破了“自然选择”限制：许多原本无法生存的人在现代社会的支持下活了下来，包括一些极端多样化和极度脆弱的人。我们还创造了法律、道德准则和制度来实现这一理想。

看上去，我们的核心理念和原则不再是单纯的优化和完善，而是拓展多样化和多元性。这是一种由人类驱动的欲望和特质，而不是借由自然进化的锋利刀刃来实现的。与达尔文描述的进化法则完全相反，我们的做法被认为是非常人道的，一切都体现了人类的选择、人类的愿望。我们还认为，由于这一系列非自然且昂贵的选择，人类变得更好了。

非自然选择的极端影响在生命临近结束时体现得最为清晰。因为有了降胆固醇药物、髋关节置换手术和膝盖移植手术，健康的祖辈可以与他们的孙子一起生活更长的时间。有很多人甚至可以多享受十多年或二三十年自由旅行、游泳、骑自行车或跑步的生活，而这对他们自己的祖父母来说根本是不可思议的，为退休而存钱更是毫无意义。

在某些时候，大多数人都会说："我想快点在睡梦中没有痛苦地死去。""但今天，在许多疾病的末期，在不断恶化和没有恢复希望的情况下，人们期盼的死亡并不是在睡梦中降临的。"更确切地说，患上绝症意味着一种长期的痛苦，伴随着各种"突发性疼痛"——大多数现有药物无法阻止或控制的疼痛。许多家庭和医生似乎生来就不愿意承认生命会自然终结。许多医院似乎在通过"一切可能"的方式来增加收入，而不管它是否真的能帮助病人。医生会坚持对病人使用一大堆无用的设备，开出堆积如山的账单。据统计，美国人在生命的最后一年花掉的费用高达 5500 亿美元，占到了联邦医疗保险预算的 17%，而其中大部分支出并没有带来平和的死亡。事实上，医生们对此是非常明白的（尽管他们常说，没人能确定什么时候是病人一生中最后的时光）。

虽然医生们通常不会和病人谈论临终的选择，但病人确实知道自己想要什么。绝大多数人想要止痛药，但会拒绝接受心脏复苏、插管、透析或化疗。实际操作中，医生和家庭成员都倾向于高估病人恢复健康或走向舒适而有尊严的死亡的概率。

虽然我们发明了越来越多的尖端技术，使身体能非自然地存活下去，但要求有尊严地死亡的人也越来越多了。1950 年，有 36% 的人支持一名医生"用无痛的方式结束病人的生命"，而在 2006 年，这个想法得到了 69% 的人的支持。同样类型的关于节育和堕胎的文化战争也在生命的尽头上演。一个主张有尊严地死亡的组织所使用的标语是："我的生命，我的死亡，我的选择。"他们的观点是，每个人都应该享有遵循自己的宗教和道德信仰的自由，人们没有权利将自己的信仰强加给那些想要有尊严地死亡的心智健全的成年人。

2013 年 11 月，玛丽丝·穆尼奥斯（Marlise Muñoz）晕倒后被医生宣布了"脑死亡"。在此之后，有关"堕胎合法性"的争论在生命的开始和终结之处悲剧性地交织在了一起。作为一名医护工作者，穆尼奥斯已经提前预见了一切，她生前准备了一份遗嘱。她的丈夫和律师都知道，她不想人为地活着。穆尼奥斯目睹过采取极端抢救措施的后果和代价，她知道自己在做什么，在要求什么。她的丈夫是一名护理人员兼消防员。两人都精明能干，有着明确的主见。但他们没能预料到的是，穆尼奥斯的意外发生在得克萨斯州，而在得克萨斯州，任何人都可以任意抢夺他人的身体控制权，尤其是如果你怀孕了的话——穆尼奥斯怀孕了。

医院采取了各种措施以维持穆尼奥斯的生命，对她本人和她家人的明确意愿置之不理。出事的时候，胎儿只有 14 周大，而且很有可能遭受了无法恢复的脑损伤。最终，胎儿在各种生命支持设备的帮助下生存了 26 周，直到医院被起诉“猥亵残害尸体”。法院最终认定，胎儿畸形，院方应该撤掉安插在穆尼奥斯身上的生命支持系统。

后来，由于那些非必需的和未被请求使用的治疗程序收费，约翰·彼得·史密斯医院为穆尼奥斯的丈夫开出了一份 30 多万美元的账单。雪上加霜的是，在那之后，得克萨斯州一些主要的州长候选人开始提出，他们应该收紧法律，以杜绝此类事件的发生。在副州长的领导下，这些人试图利用他们的权力，去确保人们在任何情况下都不会无端失去“使用”生命支持系统的权利。这些人掌握了过多的医学技术，却极度缺乏常识，就好像大量的睾丸激素在他们身体内只造就了傲慢。

脱离自然选择，人为决定什么时候繁殖、生存或死亡，可能会带来严重的后果。在生命图谱的两端，非自然选择可能带来我们都不想面对的选择，对于这些现象，我们迫切需要进行公开讨论。

EVOLVING
OURSELVES

第 32 章

企业与社会，为生物技术时代的到来奠基

随着解码、编码和设计生命形式的能力不断提升，由此引发的种种问题也给企业和政府带来了挑战。在我们面临一些棘手问题时，这些组织和机构往往会设法寻求我们的信任并给予指导。反过来，这些核心机构也需要适应和发展现有的规范，这样才能在面临一些真正复杂的选择和困境时给我们提供指导。

作为社会规范的一部分，道德和伦理也在随着不断变化的环境而变化。例如，为什么美国人和欧洲人对婚外情的反应如此不同呢？在 20 世纪的大部分时间里，欧洲人几乎对婚外情没有任何看法，而在美国，婚外情常常会导致离婚。一个可能的原因是，两次世界大战造成了许多欧洲青年丧生。1917 年，英国伯恩茅斯女子中学的高级女教师告诉她六年级的学生，她们中只有 1/10 的人能找到一个男性嫁掉。在经历了两场大的战争之后，整个欧洲婚恋市场没有几个合适的男性可供选择，这就造成女性可以找到一个专属的、恰当年龄的伴侣的可能性降低了，这一事实改变了整个社会对婚姻中道德观念的要求。

宗教则为大量人口提供了一个共同的信条和规则体系，来组织、规范人们的行为。很多宗教领袖都致力于改善追随者的命运。在瘟疫和流行病暴发的时候，如果一个人的健康状况在短期内得到了改善，可能是他采纳了一个宗教的新教义和新指示：每天洗手、洗脸、洗脚五次。

人们会要求一些大型机构解释和控制日益强大的技术。而这些机构则渴望赢得人们的信任，并从中赚取利润。在这样的关系中，许多人会本能地做出反应："我永远不会相信任何公司的数据。"对此，一些机构的回答是："不，其实你已经相信了。"

关于我们的基因组、健康状况、生活方式和习惯的数据是我们拥有的最私人化的东西，其中记录了诸多细节，比如你什么时候跟谁在一起，消耗了多少卡路里，是否有锻炼习惯，吃什么药物，你与他人的亲密关系如何……在一个大数据"统治"的世界里，很多人都掌握着你的行踪：你的医生预约记录、网络搜索记录以及处方。除了医疗保健之外，在大数据的世界里，我们还在收费站、药店、超市、航空公司、脸书、推特以及其他博客上留下了大量的数字足迹，而那些对你感兴趣的人可以很容易地获知你的生活方式，并通过这种生活方式对你的健康状况和习惯做出准确的预测。很多公司都想要获得、解释和使用你的数据，并参与塑造你的未来。

在判断一家公司的可信任度时，人们经常会展开一些有趣的讨论。小到DNA信息，大到一个人的家庭成员，我们几乎可以掌握一个人的全部信息，想要保持隐私完全不可能，匿名越来越不可能。一些声称可以帮你保持匿名的选项或协议中也布满了各式陷阱。相较而言，欧洲在保护个人信息方面做得比美国好，比如欧盟颁布的允许删除搜索引擎中的浏览记录的规定，就是将保护个人信息的天平偏向了个人。

到目前为止，许多政府都默认，当个人面对处理卫生保健或基因数据的问题时，最好不要相信任何人，政府官员除外。当有医疗机构或企业向任何未经授权的人泄露个性化的医疗信息时，根据美国相关法案的规定，相关部门会对其处以最高 5 万美元的罚款，甚至是刑事处罚。这些限制使得就连患者本人都很难获取和分享自己的医疗记录，更别提其他研究人员了。实际情况是，“不要共享”这一默认选项给许多疾病研究蒙上了一层阴影，而整个社会都会为此付出高昂的代价，同时还会伤害到个别病人。

杰米·海伍德（Jamie Heywood）在隐私问题上采取了与政府完全相反的立场。说起他，很多人会想起塔斯马尼亚魔鬼：强大的独创性、偶尔的破坏性以及巨大的创造力。在弟弟被诊断出患有肌萎缩侧索硬化症之前，杰米称自己是一个严肃的工程师——其实就是书呆子。但在那以后，杰米改变了生活的重心和使命，他试图破除整个医疗体系中的障碍去帮助弟弟寻找治疗方法。

在了解有关肌萎缩侧索硬化症的所有信息之后，杰米放弃了自己对医疗信息应该保密的坚持。在他看来，对付致命性疾病的唯一合理方法就是与所有人分享一切。在吃了某种药物之后，你的肠子真的舒服了吗？不要只告诉我，不要只告诉你的医生，告诉每个人，你应该与全世界分享这个信息。杰米主张，我们应该建立一个囊括成千上万个病人的数据库，其中包含关于他们生命的每一个细节、每一个变量以及治病过程中的每一个步骤和过程。

从某种意义上说，杰米和“像我一样的病人”的团队正在模仿世界上最成功的临床研究——弗雷明汉心脏研究。1948 年，参与这项研究的医生们招募了 5209 人，开始记录他们所能想到的个人生活的方方面面，包括饮食、运动、压力、血液和家族病史。从 1948 年到现在，研究人员每两年记录一次。在 1971 年，他们又增加了 5124 名患者，主要是原有被试的孩子和配偶。2003 年，他们又将这些被试的孙辈囊括了进来。记录的连续性和呈现出的规模化特质使得那些致病诱因和危险因素凸显了出来：吸烟与心脏病（1960 年）、高胆固醇和心脏病（1961 年）、高血压与中风（1970 年）及高密度脂蛋白胆固醇的益处等。

但是杰米发起建立的“像我一样的病人”数据库和弗雷明汉心脏研究之间有一个很大的差别。杰米要求每个人自愿提供他们生活和健康方面的许多私密细节，包括真实姓名。那些病人被要求坦诚面对所有人，不仅是研究人员，甚至还包括全世界的人。到目前为止，已有 25 万人同意与研究人员坦诚分享一切。除了关于疾病进展和临床试验的信息，他们的调查还包括以下问题：“你感觉怎么样？你的生活质量如何？什么能够让你感觉更好？你的性生活频率如何？”现代的医生很少有时间去问这样的问题，更别说分类整理和处理了，但是其实这对研究人员来说是至关重要的，并且真的能够实时帮助病人。

并不是每个人都愿意与他人分享自己生命中的所有细节，因为这难免引起尴尬，甚至会导致自己失去工作或无法获得保险理赔。但可以肯定的是，对所有的信息和数据保密，只有政府有资格监督、保护和决定谁可以在什么时候看到什么，可能并不是最好的答案。当我们大量而广泛地积累数据的时候，一些显著的模式就会呈现出来。哈佛大学生物信息学家伊萨克·科汉（Isaac Kohane）开展了一项回顾性的病人研究，发现一种特殊药物的使用与心脏病发病率升高具有显著相关性。后来，这种药物很快就退出了市场，这不是因为美国食品药品监督管理局的审查，而是因为科汉的研究所带来的信息透明和公众问责机制促成了这一结果。从这一案例中可以看出，信息透明可以挽救许多人的生命。让大公司掌握政府知道的一切，同时承诺所有信息“保密”，暗地里却将庞大的信息数据库用于他们自己的目的，可能也不是最好的答案。

到最后，我们可能只能接受一个并不完善但成本低廉的方案：接受隐私越来越少这一事实。对杰米来说，开放就意味着更加民主。随着数据库的增长，保持完全的隐私将会越来越难，因为我们无法控制自己的亲戚和邻居去发布数字垃圾或基因测试结果。由于贝蒂·福特（Betty Ford，药物滥用）、基蒂·杜卡吉斯（Kitty Dukakis，抑郁症）和“魔术师”约翰逊（Magic Johnson，艾滋病）[1]等人的勇敢示范，许多疾病成了人们日常讨论的话题，一切都在变得越来越好。事实上，耻辱和疾病本就不应该放在一起。

对于什么是好的企业和机构的标准，我们需要进行更多、更广泛的讨论，而不是私下里或由少数人做决定。害羞和尴尬应该得到保护，但只有建立健全的、大规模的、平行的、选择自由的、开放的数据库，才会消除信息的神秘感，使人们不再感到耻辱。最后，我们或许需要考虑在更大的程度上相信自己和人类群体。

① 三人作为公众人物，敢于公开自己的健康状况。——译者注

EVOLVING
OURSELVES

第 33 章

重新设计和驱动进化

在这本书中，我们尝试引用了一些非常复杂的科学信息，并提供了足够的材料来讲述这些故事，同时尽量不让它变得晦涩难懂。毫无疑问，有些人会说我们应该让 X 更有说服力，应该更好地解释 Y，应该强调 Z 只是一项研究，还有人会指出我们引用的某篇文章已经过时了。我们本可以增加更多的证据，详细阐述大量的新兴科学成果，并提出进一步的警告和限定。事实是，我们只是处于发现生命密码如何工作、如何装配的第一阶段，人类将来会面对很多改变，但这一切并不会很快发生。

人类越来越能够把进化的天平向着我们想要的和我们选择的方向倾斜，而不是仅仅屈从于自然的指令。只要人类还存续，非自然选择和非随机突变就一定会存在。我们创造的用于重新设计和驱动快速进化的工具是如此强大、有效和有支配力，以至于我们根本不会考虑放弃它们、压抑它们。任何压抑这些力量的国家，都有可能输掉在医疗保健、农业、工业生产、教育、信息存储和其他许多领域的竞争。这无异于一个国家要求公民放弃使用所有的电子设备，回到纸笔时代。（这并不是说基于特定的道德、宗教或政治原因，某些技术在一些国家不会被禁止或限制。）

为了满足特定的目标，人类一定会继续改变细菌、植物、动物和自己的进化历程。而现在，我们是时候问自己这个问题了：既然人类可以掌握自己和其他物种的进化，我们该选择如何运用这种非凡的力量呢？

EVOLVING
OURSELVES

第 34 章

复活灭绝物种，掌握运行进化的能力

我们并不是走在成为圣人的路上，但是运用非自然选择和非随机突变法则的结果是，我们一次又一次地创造了伟大的奇迹——复活。

达尔文很早就认识到了灭绝的基本角色，自然界一直以来就是通过创造和破坏的不断循环蓬勃发展的。大自然有很多方法可以完全消灭某个物种，在历史上，这样的事件发生过很多次。这种情况一旦发生，自然选择和随机突变就会使得灭绝物种毫无复活的可能 。重组的可能性、环境的变化、食物、庇护所、掠食者以及所有四个基因组的改变都可能导致新的物种出现。

人类已经人为加速了许多野兽的灭绝，原因可能是它们惊吓、打扰到了我们，或是它们的某些部分能让我们感到开心、着迷，又或是它们可以作为食物、衣物或装饰物满足我们的需求。在过去的 500 年里，人类活动导致了 869 个主要物种的灭绝，包括海雀和渡渡鸟。

但现在我们可能要扭转这种趋势了，能够读写和重写生命密码最奇怪的后果之一就是，我们可能会反过来运行进化的能力。我们不仅能创造新的生命形式，也能使旧的生命形式复活。非随机突变和智能设计使得大规模复活灭绝物种成为可能。斯图尔特·布兰德（Stewart Brand）是 20 世纪 60 年代最早的反叛者之一，他和肯·凯西（Ken Kesey）一起组建了“快乐的恶作剧者”乐队。如果你是初次遇到布兰德，你会发现他怎么看也不像是一个激进分子。他是一个非常成熟、聪明、安静的人，眼睛闪烁着耀眼的光芒。他不会夸夸其谈，大多数时候都只是在倾听别人讲话。几乎任何人都可能跟他展开一场愉快的交谈，在离开的时候，你也完全不会意识到自己是在和这个地球上最具前瞻性的人聊天。布兰德的一大创举是，他编制了全球物种目录，率先发起了多项环境保护运动。而今天，布兰德又展开了一项疯狂的尝试：大规模复活灭绝物种。

现在已经 70 多岁的布兰德仍然是生物技术的有力倡导者，他与妻子瑞恩·费兰（Ryan Phelan）一起，招募了世界顶级生命科学家组成联盟，发起了一场“复活灭绝物种”运动。他们不仅打算保护人类还没有消灭的东西，还准备纠正过去人类犯下的错误。这一“复兴与恢复”策略催生了一个新的领域，即复活生物学，其中充满了新的规则和选择，想必达尔文在世的话一定会感到惊奇和高兴。

目前，布兰德发起的运动已经获得一些惊人的结果：阿尔贝托·费尔南德斯·阿里亚斯（Alberto Fernández Arias）曾用冷冻保存的组织复活了一种已经灭绝的西班牙野山羊；澳大利亚的迈克尔·阿彻（Michael Archer）复活了已经灭绝的胃育蛙的早期胚胎。你可能想问，在没有活体标本的情况下，这些是怎么实现的呢？答案是利用从冷冻标本中提取、复制或克隆的 DNA。除此之外还有另一种方法，那就是了解已灭绝的物种及其后代当前和过去的 DNA 构成，系统地进行反育和修改，这也是荷兰人亨利·克尔克迪克－奥滕（Henri Kerkdijk-Otten）在试图复活一种欧洲野牛时使用的方法，而这种野牛最后一次出现在地球上的时间是 1627 年。与此同时，哈佛大学的乔治·丘奇也对鸽子的基因组进行了大规模编辑，对已灭绝的旅鸽进行了逆向复活工程。旅鸽曾经非常常见，人们曾在北美看到过旅鸽遮天蔽日的场景，有时甚至长达几天时间。威廉·鲍威尔（William Powell）也运用了类似的技术，试图将几近灭绝的美国栗树复活。

奥利弗·赖德（Oliver Ryder）花了一生的时间在圣地亚哥建造了世界上最伟大的冷冻 DNA“动物园”，其中保存了超过 1000 个濒危物种的样本，可以用于复活物种实验。而西伯利亚本身就像一个天然的冷冻动物园，保存着许多灭绝物种的样本，比如猛玛象。永久冻土的保存效果十分惊人。2013 年年初，一支日本科学考察队在西伯利亚发现了一只完好无损的猛玛象。不仅其毛发被保存了下来，就连血管里的血液也被保存了下来。最终，这头猛玛象的骨骼被留在了日本科学中心，去那里参观的孩子们还可以亲手摸到猛玛象的毛发。而猛玛象的血液被带到了韩国一个私人生物学实验室，他们希望能将猛犸象的 DNA 植入大象的卵细胞中，不过大多数科学家都对此持高度怀疑态度。

随着全球变暖进程的加快，草原狮子、长毛犀牛和巨鹿等动物的遗骸越来越频繁地从融化的冰层中浮现出来。当科学家和探险者赶在狼和食腐动物之前找到这些遗骸时，他们就可以保存其中的 DNA 样本。近期，有探险队从加拿大育空永冻土中提取了一种名为蓟溪的种马的 DNA，这种动物大概生活在 70 万年前，而它们的祖先大约在 400 万年前开始了全球迁移。蓟溪的后代进化成了现代的马、驴和斑马，它们在大约 7600 年前从美洲大陆消失，直到哥伦布到达美洲后才再次被引入了那里。

读到这里，你可能想问，那些早已灭绝的物种呢，我们可以复活它们吗？科学家在永久冻土层中找到它们的可能性微乎其微，把霸王龙带回来目前仍然是电影中的情节，但随着我们对化石标本的测序、阅读和重组能力不断增强，复活已灭绝的物种也日渐成为可能。DNA 组装技术进步是如此之快，以至于科学家们有了无限的耐心，他们甚至可以用极其微小的 DNA 片段重新组合出一个完整的基因组。而这就像试图用一堆看似相似但并不完全相同的砖块重建一堵倒塌的砖墙。通过堆砌具有相似的重复特征的砖块，最终你还是可以将这些砖砌成原来的墙。这里的砖墙就相当于消失已久的标本的端对端基因组序列，只不过 DNA 的装配过程是用电脑完成的。

加州大学圣克鲁斯分校的贝丝·夏皮罗（Beth Shapiro）和麦克马斯特大学的亨德里克·波纳尔（Hendrik Poinar）已经采集了他们所能获得的每一个化石和 DNA 样本，并慢慢建立了一个庞大的基因组数据库。一旦人们拥有了某个灭绝物种的原始基因的复制品，人们就可以开始描述这个生物的后代是如何进化而来的，还可以绘制出这个物种的世代间发生的遗传转变。了解一个古老的灭绝物种发展到现在的后代的基本密码的意义，就在于为我们推断它们的过去提供蓝图。

最终，这个远古的 DNA 数据库将为我们提供线索，以说明哪些类型的替代者需要被培育，进而帮助人们恢复那些在地球上绝迹几万年的生物。人们可能会通过了解生物的 DNA 和 DNA 的演变过程，来“反进化”现有的物种：移除一个基因，添加另一个，修改第三个，抑制第四个……直到得到原始生物 DNA 的近似值。例如，如果我们知道蛇的祖先曾经有过四肢，那么通过插入或修改几个基因，或许科学家就可以重新创造出可以行走的蛇形生物。

在人类控制进化的世界里，时间的箭头可以指向许多不同的方向。我们知道鸟类是从恐龙进化而来的，可以想象，如果从今天的鸡的 DNA 中删除或修改某些基因，我们就可以在很大程度上推进恐龙的基因重组。沿着这条路，我们甚至可以创造出带有牙齿、尾巴和鳞片的母鸡。

所有这些我们也可以应用在人类自身的进化上。正在被开发的用来复活已经灭绝的动物的技术，同样可以用来推动人类自身的反进化，以复活和恢复各种已经灭绝的古人类。毕竟，人类和尼安德特人之间的基因组差异仅有 0.2%。

科学家已经掌握了这个序列，所以最终或许我们真的会合成尼安德特人的基因组。最近的一项分析研究了尼安德特人和丹尼索瓦人的表观基因组，这些研究迫使我们开始去思考这样一些问题：为什么他们没能生存下来？当我们绘制其他祖先的基因编码时，是不是可以把他们带回来，让他们在人类进化树的其他区域开疆扩土。当然，我们也需要对他们体内的一些基因进行调整，比如FOXP2。在人类的这个特定基因中，单个碱基变异就会使人的智商降低，丧失语言能力。老鼠和我们拥有许多共同的基因，老鼠与前人类物种的差异只有三种氨基酸，而人类与黑猩猩只有一个氨基酸存在差异。如果要改变猴子的FOXP2 基因使其人类化，我们就可能会改变人类与猿类之间相关的各种大脑特征，甚至开始构建猿类和人类的进化链中缺失的部分。除此之外，我们也可以将人类的特征传递给其他物种，反之亦然。

使用非自然的手段来复活生命，就像将进化电影倒推向了一个更早、更自然的状态。而如果可以复活人类的近亲物种，我们就会面临无数复杂而有趣的问题，比如我们应该赋予何种权利和法律责任给这些不同的人？这会与他们的进化方式有什么关系吗？他们应该住在哪里，在什么条件下生活？如果我们能复活更多的人类物种，我们希望他们如何对待我们呢？虽然法律、伦理和道德方面的前景令人生畏，但我们应该记住，在同一历史时期有多个人种分布在全世界是非常正常且自然的。我们应该问问自己，真要把所有人类的未来都赌在一个特定物种的基因编码上吗？

EVOLVING
OURSELVES

第 35 章

掌控环境

在思考未来要去哪里之前，让我们先停下来回顾一下人类是如何来到现在的位置的。大约 138 亿年前，在不到一分钟的时间内，宇宙大爆炸引发的等离子体扩散形成了巨大的尘埃云，其中一些尘埃到达临界质量后，引力逐渐开始发挥作用。大量的尘埃被压缩后，其中的原子发生聚变，继而诱发了热核反应，最终形成了恒星。在更大的尺度上，上万亿颗恒星又形成了有着各种形状、大小不一的星系。

人类生活在一个相对古老的星系——银河系中，其中的一些恒星几乎和宇宙一样古老（年龄超过 130 亿年）。银河系里约有 2000 亿～ 4000 亿颗恒星。而天文学家估计，目前宇宙中有 800 亿个星系，其中约包含 3×10^{22} ～ 7×10^{22} 颗恒星。

银河系的数千亿颗恒星中包括了我们的太阳，其年龄大概为 45.7 亿岁。

地球大约形成于 44 亿年前，没错，宇宙的历史中有超过 2/3 的时间是没有地球的。

地球诞生后不久，生命开始出现。在那之后，几乎所有的地球生命都经历了至少 5 个主要的灭绝周期。仅二叠纪与三叠纪周期就消除了地球上 83% 的物种。直到经历第五次大灭绝后，哺乳动物和类人生物才逐渐开始繁衍壮大。

把这一切放在宇宙的大背景下进行审视，我们会发现，宇宙历史上 99.96% 的时间内都是没有古人类的，更别提第一批人类了。在历经至少 25 个原始人类物种的兴衰之后，智人才在某种程度上逃脱了灭绝的命运，幸存下来并蓬勃发展。

在了解整幅图景之后，你还认为我们这些自称为智人的人是整个进化历程的终点吗？换句话说，你还认为过去 138 亿年的宇宙存在的目的，地球经历 45 亿年的历史的唯一目的，40 亿年生命进化的唯一目的，经历至少 5 个灭绝周期的目的，仅仅是创造像我们这样的人类吗？

有关人类的故事和存在的目的，一直处于发现和发展的过程中。达尔文时期，当时唯一可供研究的人类化石是一些少量的尼安德特人。现在我们知道，大约 600 万年前，我们的祖先从黑猩猩和倭黑猩猩中分离出来，并最终在 440 万年前进化成了地猿始祖。到了 2009 年，我们拥有了超过 110 个样本，这些样本详细描述了地猿的生活习性：那些长相与猴子差异较大，有着一字眉的南方古猿大约生活在 370 万年前；而在 260 万年前，这些猿类才开始使用工具屠宰猎物和建造住处。直至最近，在科学家发现了大量的人类祖先、潜在祖先和表兄弟后，我们才刚刚开始了解化石基因组和 DNA 编码的基因树，才有机会去了解谁对谁在什么时候做了什么，最后又导致了什么。

其他几十种人类的祖先都没有生存下来，智人物种本身也只有几千个个体存活了下来。与所有其他的类人生物不同，我们幸存了下来。随着时间的推移，我们开始控制自然对自身的影响，引导自然对我们的选择。我们学会了掌控环境，引导它朝着人类的目标前进。从某种程度上说，我们已经改变了世界的性质，发展出了强大的力量来重新塑造自己的身体和环境，自主地培育人类的后继物种。

EVOLVING
OURSELVES

第 36 章

打造未来人类物种

伟大的进化专家恩斯特·迈尔在他 1964 年的著作《进化是什么》(*What Evolution Is*)中总结道:"人类物种分化成几个物种的概率是多少?答案很清楚,是 0。"他基于两个理由得出了这个结论:第一,人类占领了地球上的所有地方;第二,地球上并没有真正孤立的人类群体。

大多数人认为世界上只有一个人类物种,而且一直以来都只有一个人类物种。前半句话到今天为止仍然可能是正确的;后半句则明显是错误的。当我们的祖先在 5 万到 8 万年前在非洲出现的时候,当时至少有 3 个人类物种同时存在:丹尼索瓦人、霍比特人和尼安德特人。今天的许多亚洲人和西班牙人都有丹尼索瓦人的血统,整个就是一个全球大家庭。无论好坏,人类已经在进化这条路上走了很远。

如果在某段时间内同时有着多个人类物种,我们可以据此推测,这个时期在历史上是非常罕见的，因为目前地球上只有一个孤独的人类物种。考虑到人类现在的主导地位，我们很难想象得出这意味着什么。让我们尝试进行一个思维实验，想象地球上所有地方都只有一种鸟——啄木鸟，别的什么鸟都没有——知更鸟、蜂鸟、麻雀、红雀、孔雀、乌鸦、鹦鹉、巨嘴鸟、秃鹰、火烈鸟、鸽子、鸭子、金丝雀、鹅、猫头鹰、天鹅、鹈鹕、蓝鸟、莺，甚至是讨厌的海鸥。这不是很奇怪吗？

那么为什么我们不觉得今天只有一种人类非常奇怪呢？人类的存在与所有进化历史和化石记录背道而驰。从历史上看，如果没有多个亲缘关系很近的物种同时存在，那么某个进化分支很容易就会灭绝。事实上，类似的灭绝事件在不到 10 万年前就已经发生过了，而当时只有 2000 人活了下来。

这些现象迫使我们不得不去思考令人困扰的关于人类物种分离的问题……我们发现的证据越多，就发现不同的人类物种之间越相似。就尼安德特人而言，他们会用火，以肉为主食，使用长矛，会埋葬死去的同伴的尸体，照顾病人，还创造了伟大的艺术作品。直到几年前，我们还以为自己非常了解达尔文的进化树。在我们看来，尼安德特人是一个独立但与智人共存的物种，并不是人类的前身。我们几乎没有想过尼安德特人会是自己的表亲。使用分子时钟，我们可以推测人类最后一次与尼安德特人发生性关系的时间大约在 5 万到 6 万年前。当时的天气应该比较寒冷，他们在一个洞穴里，也许还喝了酒……2013 年，故事变得更加复杂了。考古人员在西班牙发现了一根骨头，这根骨头把早期有感知能力的人类的存在时间前推了 10 万年，而且其中的 DNA 显示它属于尼安德特人和丹尼索瓦人（后者被认为只居住在俄罗斯和亚洲）。

看到这里，你是不是认为可以据此认定尼安德特人是你的表亲了？你可能是对的，也可能是错的。如果你的祖先是欧洲人或亚洲人，即使你不生活在华盛顿特区，你的 DNA 中也有 1% ～ 3% 的序列源自 5 万年前的尼安德特人。史蒂夫也接受过一次基本的消费型基因测序，结果发现他的 DNA 中有 2.9%

来自尼安德特人。但进化遗传学家发现，现代人 X 染色体和 Y 染色体中没有真正的尼安德特人基因。这为我们判定自己和尼安德特人不属于同一个物种提供了一个遗传学依据。啊，真是让人松一口气！

达尔文可能会对我们发现的人类异种交配的证据感到惊讶，但他仍然可能会认为，现代人身上的尼安德特人基因一定是基于某种生存或繁衍后代的目的留存下来的。研究表明，尼安德特人的 DNA 对我们的皮肤色素沉着、神经元、免疫力、视力、棕色脂肪代谢和嗅觉都有影响。

有研究发现，DNA 突变可以反映人类迁徙的历史模式。基于对人类 Y 染色体中 DNA 的遗传分析，史蒂夫发现他的父系祖先在 2 万年前生活在中国，后来，他们迁徙到了西伯利亚、俄罗斯西部和斯堪的纳维亚半岛，最终在芬兰登陆，在那里他们最终繁衍出了今天 60% 的人口。语言专家则发现芬兰语起源于俄罗斯东部，间接证实了这些基因的迁移轨迹。

现代人之间存在着显著的、可识别的差异，例如，我们不能随意向事故受伤者献血。如果输错了血型，就可能会引起急性溶血反应，导致受伤者的免疫系统攻击新输入的红细胞。当 A 型血进入 O 型血的人的身体时，结果尤其糟糕。当新的血细胞破裂时，受血者的尿液会变红，不久肾脏就会衰竭，严重者还会死亡。

但我们不能据此说 O 型血的人跟 A 型血的人属于不同的物种。因为即使在同一个物种中，一些差异较大的生物学特性还是会在不同的群体中出现并传播。冰岛人中最普遍的血型是 O+（46.7%），挪威人中最普遍的血型是 A-（42.5%），印度人中最普遍的血型是 B+（30.9%）。为什么会产生如此极端的差异呢？如果说非 O 型血会使一个人患动脉和静脉血栓栓塞的风险提升，为什么这种突变还会存在呢？这些相对较新的突变（2 万年前）延续至今的一个原因可能是它们可以降低人们出血和被感染的风险。除此之外，拥有 O 型血的人还更容易患上严重的霍乱，因此他们在印度和孟加拉国就没有那么常见了。有些 A 血型的人不会得溃疡和胃癌，这可能是因为他们对幽门螺旋杆菌拥有天然的抵抗力。换句话说，我们仍在不断地进化，我们的血型在进化中适应了不同的天气、文化、疾病和生活环境。

血液的多样性有时甚至会侵入到最亲密的关系中：与亚洲母亲和非洲母亲相比，欧洲母亲的免疫系统更容易攻击她的孩子。这种情况经常发生在母亲是 Rh 型血和父亲是 Rh+ 型血的夫妇中，受影响的欧洲孕妇占到了约 13%。怀孕次数越多，母亲对胎儿造成影响的可能性越大。这也是准爸爸不应该在生育期内向他们的伴侣献血的原因。

在某些情况下，物种在形成之前就会发生许多显而易见的变化。从生物层面来说，吉娃娃和大丹狗是同一物种。物种形成可以是一个渐进的连续过程，也可以是突发性的、间断式的。这一切取决于地理条件、身体、疾病、宗教和（或）文化变化是否是主要驱动因素。

在考虑人类物种形成的过程时，最重要的因素是基因突变。某些基因突变可以使物种在特定的环境中占据优势地位，比如生活在加拉帕戈斯群岛上的达尔文雀的喙。通过比较亚洲人、非洲人、欧洲人、南美人、因纽特人等，科学家们正在梳理人类基因组，希望发现一些特定的有益突变。在某些情况下，这些突变是区域性的。举个例子，如果你在 7000 年前的西班牙四处寻找当地小吃，你可能会遇到一个奇怪的家伙，一个你现在在欧洲不会见到的人，他有着深色的皮肤、深蓝色的眼睛。如果你们会讲同一种语言，还约好了一起出去吃饭，你会发现他的饮食和你有很大的不同。他无法消化淀粉或牛奶，因为他体内没有某种变异酶。乳糖耐受是人类在近代历史上获得的一种有益突变，这种突变随着人类对山羊和奶牛的驯养席卷了欧洲。而在大约一万年前，波罗的海地区的人体内表达蓝色眼睛的 HERC2 基因发生了突变。人们的各种特质，比如皮肤、头发以及各种抗病能力都可以用基因来解释。

任何对未来人类物种形成的推测都会伴随许多争议和困惑，这并不是因为隐藏在加勒比海岛屿上的某个诺博士[①]在密谋智人的末日，而是因为两个巨大的力量：非自然选择和非随机突变。我们正在大规模地改变生活环境，环境反过来又改变了我们体内的四大基因组。我们也在控制人类的遗传密码。此外，我们正在设法增强人体的某些功能，这些功能可能会成为某些人生存下去的必需品，也可能成为我们未来生存或繁衍的一部分。一切都发展得非常快。需要强调的是，目前没有任何一个实验室，没有任何一项实验或一种技术可以直接导致物种的形成。推动物种进化的因素不是单独起作用的，整个过程也不是一蹴而就的，而是像雪花降落一样，直至雪崩发生，我们才会觉出异样。

我们已经处于极度不平衡的时期。在过去的一万年里，人类的进化速度比历史上任何时期都要快 10 ～ 100 倍。这其中一部分属于纯粹的数字游戏。如果平均每个孩子携带着 100 个 DNA 突变，那么发生罕见突变的频率，无论是有益的还是灾难性的，都部分取决于一共有多少人。大约在 120 万年前，在人类出现以前，整个地球上只有 18500 个古人类。它们的数量比今天地球上的大猩猩的数量还要少。今天地球上大约有 70 亿人，这意味着可能有 7000 亿个突变。人类的基因组中只有 32 亿个碱基对，这意味着从统计学上讲，基因组中的每个碱基都发生过突变。如果突变不是致命的，那么今天活着的人可能就带有这个突变。因此，如果我们对足够多的人的基因进行了测序，就可以得到所有个体突变的完整目录。

也许未来我们理解基因的新常态的方法是，参照推特信任与安全部门负责人德尔·哈维（Del Harvey）为 TED 做的一次演讲。2014 年 1 月，推特用户每天发送的推文超过 5 亿次，按照百万分之一的异常值计算，每天异常现象会发生 500 次。以这一案例类比生命密码时，我们就有更大的机会找到可以让人在极端条件下生存的异常变异。很少有研究人员会专门研究如何

① 007 系列电影中的角色。——译者注

创造新的人类，但是在寻找各类疾病的治疗方法时，他们肯定可以发现某些基因变异可以调节我们的进食、嗅觉或繁殖能力。这些发现就像一滴滴雨，而这些雨滴汇聚起来就可以形成河流、湖泊和海洋……

新的基因工程仪器还可以帮助我们研究快速进化。现在，科学家已经发现了合适的编辑工具，比如用一个基因组汇编器加上 CRISPR 就可以单独地抑制任何一个人类基因，我们就可以借此观察哪个基因或基因组合是进化游戏规则的改变者。非常现实的可能性是，在以极快的速度积累和运用知识时，我们会使当前的人类物种进化为多个人类物种。

我认为，多个新的人类物种可能会在某段时间内陆续出现，而不是会突然出现一个新的超人类。因为人们时刻在做出选择。有些人会接受所有的改变，有些人会接受部分的改变，有些人则不希望发生任何改变。后续的技术发展将使人们基于个人选择实现快速分化。随着适应和改变身体的可选项越来越多，技术变得越来越便宜和安全，我们的曾孙和后代甚至可以玩起生物乐高玩具。

但如果我们真的把地球这颗小小的星球带回到以前的状态，使各种各样的人类住在一起，可以预见一定会出现各种各样的问题。一定会有人认为用极其残酷的方式对待那些不同种族的人是可以接受的、合乎道德的，而我们则一直在与这样的观点抗争。有各种研究已经证明，不同种族的个体在基因上可能比我们认为与自己同种族的某些人更相似，但这些偏见和残酷的想法仍然存在。

就像生活中的所有事情一样，进化中总是会有赢家和输家。国家、民族、社会和部落之间的经济和文化分歧很可能导致截然不同的适应和改变。一些人或文化团体会出于宗教或道德的原因做选择；一些人可能无法承受各种各样的变化；也会有一些人喜欢被孤立。地理、宗教、教育、收入、文化等因素都可能引发人类进化的多样性，最终导致新物种形成。

你觉得上述解释牵强吗？但事实证明，环境确实会影响物种的形成。从埃特纳火山活动后变化的植物到非洲鱼类，从夏威夷洞穴中的植物到克里特岛上的蜗牛，以及澳大利亚东南部的无脊椎动物，都证明了这一点。如果你认为人类没有发生改变，那你必须确定，在过去的几千年里，人类的生活环境没有发生任何变化，因此也没有必要进行适应。

你可能会问，是不是我们对周围环境的改变免疫了？伦敦大学学院的史蒂夫·琼斯（Steve Jenes）认为，“对于人类物种来说，事情已经不会再变得更好或更糟了。如果你想知道乌托邦是什么样子的，只要看看周围就可以了”。这种保守的观点认为，即使我们彻底改变了人类的整个生存环境，包括食物、气候、捕食者、表观基因组、微生物组、身体和大脑等，也什么都不会变。事实是，这种观点与我们在化石、DNA、微生物和环境记录中发现的所有证据都是矛盾的。对于那些观察和记录快速变化和相信快速变化的人来说，他们知道，地球早已不是只属于达尔文进化论的世界了，新的人类物种的形成只是一个时间问题。

EVOLVING
OURSELVES

第 37 章

合成生命，打造经济新生态

也许我们很难再找到比合成生物学更好的例子，来说明人类是如何驱动快速的非随机突变的了。从已经存在的东西开始，人们一个接一个创造出了全新的产品或生物，创造出了基于人类的意愿而存在的东西……

就像许多好故事一样，10 年前合成生物学的一个关键分支也是在酒吧开始的。一位诺贝尔奖得主，一位流氓科学家，一位炙手可热的律师和一位风险投资家，他们一起坐在弗吉尼亚州亚历山大市的一个意大利酒吧里……几杯威士忌酒下肚后，汉密尔顿·史密斯（Hamilton Smith）、克雷格·文特尔、戴夫·基尔南（Dave Kiernan）和胡安开始回忆过去几十年的变化，随后一个人问道："我们能像做计算机编程一样编码人类的细胞吗？"随着一杯又一杯单一麦芽啤酒下肚，这个项目的架构变得越来越清晰了。

电脑芯片听不懂音乐，读不出字母，不会看图片，也不会移动或保持静止。所有进出计算机芯片的信息都是由二进制代码1和0构成的。这两个数字非常强大，它们可以拆解字母表和人类说出的任何一个字，也包括音乐中的任意一个音阶。照片和视频也都可以通过这两个数字存储、传播，现在，你几乎可以用手机随身携带所有的信息，包括文件、电子邮件、照片、音乐和视频。这种语言给孟买的街头小贩提供的信息和几十年前美国总统能够获得的信息一样多。想要获取一张地图、一本传记、一篇文章、一张图片或了解一段历史？只要不停地点击就可以了……芯片不在意你在处理、发送、阅读什么，只要这些东西可以用1和0编码就好。

我们现在认为日常生活中的一切都是理所当然的，但其实这些都源自数字化对人类生活的改变。乘电梯、住酒店、驾驶汽车、听音乐、拍照片、和朋友交流、做研究以及完成其他的日常工作，无论做什么，缺少了数字化设备或代码，我们都寸步难行。过去几十年，人类创造的大部分财富和就业机会都源自这种数字化转变。在这个过程中，科学家和技术人员开发出了各种各样的方式来连接我们的现实世界和数字世界。电脑芯片在不断变小，每块芯片都可能包含数十亿个晶体管。在此基础上，我们可以在玩视频游戏的同时拨打电话，更新日历和照片。这并不是什么了不起的成就，一切只是在用分层的方式来应用和操纵数字代码。地球上传输的99%的信息和数据都是借由数字代码实现的。你敢尝试在不使用任何数字设备的情况下生活一段时间吗？我赌你肯定坚持不了多久。

自20世纪30年代以来，在开发和部署数字代码的同时，我们也一直在研究所有生命形式的代码是如何拼写的。众所周知，所有的生命形式都是由构成DNA的四个碱基编码的。一旦你理解了这些指令，并根据自己的规范创建了DNA模块，那么你就可以运行生命密码。然后，细胞就变成了计算机芯片。理论上来说，我们可以用细胞编程制造出很多东西，包括各种食物、化学物质和燃料。

后来发生的一切就没有酒吧里发生的事情那么简单了。几年之后，在众多科学家的努力下，在投资了 4000 万美元并经历了大量的挫折之后，我们终于获得了第一个合成细胞。极具创造力的生物学家丹·吉布森（Dan Gibson）发明了一种组装 DNA 大分子的方法——这种技术现在被称为“吉布森组装”。目前，该方法已经成为新兴的合成生物领域的标准操作。在合成 DNA 时，汉密尔顿·史密斯、克莱德·哈奇森（Clyde Hutchison）和他们的团队成员精心检查了超过 100 万个 DNA 碱基对，目的是排查为什么最初合成的 DNA 分子没能“启动”。事实证明，如果一个关键位置上的碱基出现了错误，整个项目就会停滞好几个月。

第一个人工编程的细胞被命名为 Synthia 1.0，它是用合成的 DNA 分子取代细菌细胞中的天然 DNA 而生成的，这种合成 DNA 分子在实验室中经过了设计、组装，最后被插入到了突变体中。（新的 DNA 模仿了另一个物种的基因密码，还包括科学家的名字和一些诗歌。）基于非常具体的人类愿望和设计，一种细菌变成了一个不同的物种，然后它们还会分裂并繁殖。这种方法就好像把一个引擎装入放在谷仓里的旧大众汽车里，然后旧汽车逐渐变成了一辆全新的、完整的法拉利。

合成生物学领域的科学家多年来一直在期待 Synthia 的到来。随着各种各样的 DNA 操作技术的发现和积累，人类几乎不可避免地会设计出一种类似计算机的芯片，就像在 20 世纪 50 年代科学家发现 DNA 的结构一样。在研发合成细胞的同时，文特尔研究所也与世界上所有主要宗教进行了接触，希望他们能合作解决一些关键的争议和隐忧，促进大众对新兴技术的理解，并为在可编程细菌中应用生命密码扫清障碍。除此之外，一些安全机构也听取了合成细胞项目的简介，并提出在制作、编程和部署这些生物体时要满足一定的安全操作规范和要求。

2010 年 5 月 20 日，在华盛顿的新闻博物馆里，人类对 Synthia 的诞生表达了兴奋和欢呼，它被誉为“完美无瑕的创造物”。历史上并没有多少科学事件能同时惊动白宫和梵蒂冈，而 Synthia 到来的消息登上了美国各大报纸的头版头条，并在约 4800 个全球主要出版物和新闻媒体上亮相。

在过去的几年里，开发 Synthia 生命编程技术的合成基因组公司获得了众多商业伙伴的青睐。英国石油公司认为，细胞可以通过编程来参与复杂的化学反应；得克萨斯州一个叫埃克森美孚的小型创业公司判断，只有 42 个员工的合成基因组公司将会是一个很好的合作伙伴，他们可以应用基因编程技术开发藻类来制造燃料；食品公司推测，经过基因改造的细胞可以取代数百万亩的农作物，成为蛋白质和油脂的主要生产原料；诺华制药公司成立了一家合资企业，目标是将流感疫苗的生产周期缩短为一周；联合治疗公司准备采用合成基因组公司的技术使猪肺人类化——这一项目预计可以拯救 20 万等待器官移植的人。

可编程细胞可以将一种强大的编程语言引入人类知识库，进而在许多方面改写历史。就像电脑芯片一样，合成细胞也是游戏规则的改变者。使用非自然的遗传密码在新的细胞内植入指令，可以满足特定的人类需求：合成更具体、更稳定的药物，合成只有在非天然的氨基酸存在的情况下才能存活的基因工程生物，合成可以抵抗高温、高压、有毒环境、有毒化学物质或者高辐射空间的工业酶。我们的子孙后代总有一天会拥有构建和促进生命形式进化的能力，只是我们可能对其缺乏想象，就像我们的孩子无法想象一个没有互联网、没有手机的世界一样。

2013 年，耶鲁大学的法伦·艾萨克斯（Farren Isaacs）和他的团队重新设计了一个三碱基密码子，以实现一个全新的、非自然的目的。这种设计超越了转基因生物（GMOs），指向了生产基因编码的生物体（GROs）。在创建和插入一个新的三字母密码的过程中，他们发现了具有功能性的第 21 种氨基酸，一个活细胞根本用不到的氨基酸。从本质上讲，艾萨克斯改变了一种语言。在改变之前，这种语言已经使用了数亿甚至数十亿年：制造功能性蛋白质，如激素、受体和酶所需的 DNA 指令，全部使用的是 20 种氨基酸中的一种。

这可以说是在大约 10 亿年的时间里，由三字母组成的基因密码第一次被修改，这可以帮助人类启用新的氨基酸构建模块。人类设计的这种基本的新型构建模块，可以用于制造全新的非天然蛋白质。想象一下，如果我们在一种书面语言中添加了一个全新的字母，就可以创造新词、新域名。如果我们是把一个新的音位添加到了包含英语口语的 40 个声音库中，就可以创造新的韵律。如果是在音阶中加入第九音符，我们就可以制作新的音乐，比如新的重金属乐曲。可以想见，可用于改变制造蛋白质的现有的氨基酸构建模块的方法，会具有广泛而深远的影响。

在短期内，可编程细胞将可以用于制造生物燃料、化学物质、互联网技术存储模块、纳米材料以及新型抗生素。大规模基因组合成和编辑技术以及改变生命的核心构件的关键意义，将是推进直接和有意的非随机物种工程和进化。从某种意义上说，这些发现唤醒了拉马克的记忆，使进化的收敛和发散在几代人之内成为可能。

我们周围的各种生命形式可能很快就会变得很奇怪。我们可能会创造出一整套能抵抗病毒的动物和植物，它们只有在特定的环境中才能生长和繁殖。我们终将打开通往完全不同的生命分支的大门，而这些人类设计的生命形式不会在地球上自然生长，它们会向着有趣的方向形成新进化之树的分支。遗传密码的这些变化不会轻易地从活细胞的任何自然进化过程中产生，即使是 100 万年之后也不会……

EVOLVING
OURSELVES

第 38 章

让出半个地球，让它们自然进化

事实上，很少有物种能在地球上塑造生命。但是在像堪萨斯州、阿根廷和亚马孙这样的地方，多产的农场覆盖着大片的陆地，几乎所有动植物的生存和死亡都由人类掌控。越来越多的人重塑了这个星球的大片地区，在上面放牧、种植，“供养”无数的微生物和病毒。人类仍在试图进入越来越宽广的领域，控制越来越多的东西。在这种情况下，我们更要认识到保存和保护达尔文及其进化规则统治的“全天然”地区的重要性。

随着技术的进步和人口的增长，人类的主导地位仍在不断增强。但塑造地球的能力并不能保证我们的长期生存，我们的所作所为和选择往往会导致始料未及的后果。

为了确保人类物种的长期生存，我们可能要在对待、引导、操纵和塑造其他物种时保持谦逊。我们应该时刻对总人口规模、人类活动的范围以及人类的消费活动保持关注。但即使我们在所有方面都做对了——“绿色环保”，更关注人类活动对环境的影响，就意味着大自然赢了吗？

一个拥有单一物种的行星最终只有死路一条。我们对于自己实现的目标狂妄自大、沾沾自喜，甚至确信自己比以前更聪明、更优秀，这种诱惑只会让人类物种陷入僵局。如果我们试图限制人类的多样性，试图培育单一的牛、玉米和人类物种，我们只会变得更加脆弱。这种策略最终会导致一种灾难性的挑战：出现新的病原体、新的灾难性的环境变化或新的天敌。

关键是要达到一种平衡，让大自然和达尔文进化论与我们设计、塑造、管理的世界共同生存和繁荣。也许我们需要让地球表面的一半陆地、海洋和湖泊自然地进化发展。如果我们使用“超能力”时不在乎、不考虑其他物种需要什么，不考虑它们如何自然发展，那么人类就会成为另一组有趣的化石。在这种情况下，我们的缺席将会空出巨大的生态位，也会有新的成员兴盛繁衍。到那时，达尔文进化论将会重新确立自己的地位，以指导所有生命选择，直到出现另一种试图掌控进化的智能生命形式。

如果能够学会持续、聪明、平衡和快速地进化，那么也许我们还会继续蓬勃发展，也不仅是局限在地球上……

EVOLVING
OURSELVES

第 39 章

逃离地球

这里有个问题，可以检验一个人对人类未来的看法："人类真的要离开地球的话还需要什么，你认为我们应该不惜一切代价离开地球吗？"

2014 年 3 月，哈佛大学医学院遗传学系举办了一个名为"遗传学、生物医学和人类在太空的体验"的研讨会。胡安以一张写着"太空移民的道德性"的幻灯片展开了他的演讲。为了引发大家的讨论，他提出了人类在考虑是否应该离开太阳系时需要思考的 8 条原则：

1. 毁灭地球很难。哲学家吉姆·霍尔特（Jim Holt）认为，我们存在于一个 100% 邪恶、80% 有效的宇宙中。几乎所有的空间对生命来说都是不利于生存的，但也有些地方可以进化出有组织的生命，直到被反物质、裂变、黑洞、太阳、恒星碰撞等湮灭。

2. 人类很容易被毁灭。地球上至少发生了五次物种大灭绝。在漫长而多变的地质时间里，地球物种可能经历过小行星撞击、超级火山爆发、核冬天、全球变暖、超新星爆发、大规模太阳耀斑爆发等重大事件。其中造成的毁灭性最大的是一种微小的微生物——甲烷八叠球菌。在 2.52 亿年前的二叠纪大灭绝中，甲烷覆盖了整个地球，杀死了 90% 以上的生物。

3. 如果不离开地球，人类将会灭绝。这绝不是简单的恐吓或“厄运说”，而是事实。地球经历了几次周期性的灭绝，中途几乎消灭了所有的生命。从几千年的历史来看，有关人类未来的问题的答案很简单。如果选择留在地球上，我们肯定会死，关键问题是我们什么时候会死？很可能在太阳膨胀的日冕把地球烧成灰烬之前，人类就已经消失了。也有可能是在一颗小行星撞击地球或者仙女座星系与银河系相撞之前，在超级火山爆发之前，我们就消失了。离开地球也很危险，但这是防止人类完全灭绝的唯一方法。如果你主张保障人权，那么对你来说，全力以赴地躲避或应对灾难性事件就是有意义的。在此基础上，使人类物种保持多样化将是十分必要的。英国天文学家马丁·里斯（Martin Rees）[①] 用极为简洁的话语描述了两个灾难性的场景：“在场景 A 中，90% 的人类都会死亡；在场景 B 中，100% 的人类都会死亡。尽管两者之间只有 10% 的差异，但是事实是，其中一个要比另一个更糟。”离开地球不仅是我们这一代或下一代人的目标，更是全人类共同的目标。

4. 自然选择不会让你离开这个星球。我们现在的身体并不是为了适应其他环境进化而来的。如果要离开地球，我们就必须重新设计人

① 英国皇家学会前任主席、剑桥大学天体物理学家，讲述其对宇宙结构的巧妙解释的《六个数》中文简体字版已由湛庐文化策划、天津科学技术出版社出版。——编者注

类，就算有再多样化的随机突变和自然选择也不可能使我们为在非地球环境中生存和繁殖做好准备。

5. 迁往附近的行星居住。这可能需要对人类的身体进行深思熟虑的再造。我们不是为了适应其他行星的环境或大气进化而来的，太空旅行和移民可能还要求我们有足够长的寿命，甚至彻底改造人类。如果真的想要适应和生存，想要在不同的重力条件下生孩子，呼吸不同的大气，我们就必须改造人类的身体，这意味着人类要在一段相当长的时间内实践非自然选择和非随机变异。只要我们的意识、自由意志、知情同意权和自由得到保障，一切终将会实现，从将抗辐射基因植入我们的身体到克隆或映射我们的大脑。

6. 生命可以在常理看来不太可能的地方茁壮成长。许多在其他行星上生存所需的技术，以及一些必要的医学突破，正日渐成为现实，其中没有任何一项与自然规律相矛盾。生命可以在各种极端环境下生长：有些生物可以在沸腾的电池酸液或焦油湖中存活数千年，在那里，它们吃的是石油，呼吸的是金属。可能未来我们会发现，整个动物园的动物都可以在海王星卫星冰层下的液态甲烷中生活。

7. 如果我们真的要离开地球，还应该带上许多其他物种。人类并不是唯一值得拯救的生命形式。我们可以利用一系列的“诺亚方舟”或各种物种的DNA数据库，保存大自然40多亿年来塑造的生命的其中一部分。

8. 离开地球既不容易也不安全。正如许多最早的探险和人类扩张之旅一样，我们将要面对的风险是非同寻常的。即使是现在，把人类送上火星也远不能说是一次微不足道的远足。但我认为一些个人和群体将会自愿面对这些风险和挑战，即使未来困难重重。工程师亚当·施特尔茨纳（Adam Steltzner）日常看上去就像一位带有猫王风格的摇滚明星，他经常穿着蛇皮靴，梳着蓬帕杜的发型，戴着他父亲的纳瓦霍绿松石戒指，讲话慢条斯理。施特尔茨纳因带领团队完成“好奇号”火星探测器登陆火星的任务而闻名。他曾拍摄过一段“好奇号”火星探测器降落火星表面的视频，展示了在厚度仅为地球大气 1/44 的火星大气中，编写 50 万行完美的计算机代码，精确地发射 76 个烟火装置，并将一个汽车大小的包裹的运动速度从每小时 20921 千米减慢到每小时 1.6 千米的过程。降落过程的最后一步用到了有史以来最大的超音速降落伞，还有一个“秋千”。在着陆程序启动后，在没有任何人为控制的情况下，着陆器完成了最后 7.25 米的降落。

着陆地点十分遥远不是人类移民需要面对的唯一问题，我们可能还要面对几个人被关在一个小锡罐里一起生活好几年的情形。俄国人曾针对这一场景进行过模拟，他们把六个人关在了一个很小的空间里长达 520 天，其中包括三个俄国人、两个欧洲人，还有一个中国人。时间过长之后，参与实验的人出现了运动能力减退、昏睡等现象，就像因为缺乏活动和刺激导致一些人进入了冬眠状态。这几个人后期还形成了完全不同的睡眠周期，当醒着的人在狭小的空间里四处游荡时，其他人都还在打盹。

认真考虑离开这个星球还需要重新思考和再造人体。美国国家空间生物医学研究所的副首席科学家多丽特·多诺维尔（Dorit Donoviel）指出，即使是在太空中短暂停留几周，也会导致人类的视觉、心血管、骨骼、肌肉和大脑功能发生改变：头痛是常有的事；缺乏重力意味着人们的肌肉和骨量会流失；视力方面的变化也非常剧烈和迅速，以至于许多前宇航员在回归正常生活后都需要戴着可调节的眼镜架。在太空生活还需要考虑昼夜节律的改变——在轨道上不断循环的日出与日落，或离开地球轨道后的无尽黑暗，导致近 1/3 的宇航员都反馈说他们对此相当不适应。

食物也是个大问题。正如在高海拔登山者身上发生的那样，前往太空的宇航员回来报告说，他们出现了味觉迟钝、食欲不振等症状，这可能导致体重急速下降。因此，一些宇航员会要求给他们配备很多辣味食物。

宇航员在太空生活还必须摄入大量的盐，否则会损失 30% 的体液。说到食物，我们还要面对在太空中养育孩子所需的卡路里和资源的问题：一个普通男性从出生到 18 岁需要的能量约为 1000 万卡路里。

除去这些可能的困难不谈，美国国家航空航天局并不是唯一一个渴望前往火星和宇宙更远处的机构。特斯拉公司创始人埃隆·马斯克（Elon Musk）也想成为一个现代意义上的发现者，并准备前往太空旅行和移民。他已经制造出了可以垂直起降的巨大火箭。现在，他和他的 SpaceX 团队正忙于设计连锁模块，以建立第一个太空基地。除了要确保在几次太空飞行中能够幸存下来，并免遭各种副作用的伤害之外，我们还要解决获取足够的资源进行移民或生活的问题。

接下来的问题是，我们应该派谁前去？我们可能会在派遣人们去执行长期任务之前对他们进行基因分型、筛选和改造，最终找到一群基因非常特殊的人——至少在基因上，他们看起来不像地球上的大部分人。

如果你身体里带有 5- 羟色胺短等位基因变异，那么，处于压力状态下，在漫长、充满不确定的太空飞行过程中，你很有可能陷入抑郁状态。而那些带有 5- 羟色胺长等位基因变异的人往往十分乐观、快乐。在了解到这一点后，我们可能会在候选人中排除那些很可能会患上严重抑郁的人。

女性呢，她们适合前往太空执行任务吗？美国政府设定了辐射暴露的标准，与未暴露人群相比，暴露在辐射中的人患癌症的概率要高出 3%。有趣的是，男性和女性对辐射的反应是不同的。女性往往会吸收更多的辐射，遭受的伤害也更多。由于宇航员属于联邦政府的工作人员，必须遵守联邦法规，因此没有一名女性能够在美国政府的祝福下飞向火星。而男性在一次往返飞行任务中遭受的辐射基本不会达到联邦法规规定的辐射暴露限值。

如果我们没能发明出效果更好的女性辐射防护罩，火星可能会成为一个相当沉闷和肮脏的地方。那里会成为一个没有女性出没的巨大单身公寓，房间里只有一个巨大的电视屏幕，随处可见比萨盒和臭袜子。虽然女性宇航员更容易受到辐射的影响，但她们的骨质流失率只有男性宇航员的一半。男性宇航员的骨质流失率占正常骨量的 1% ～ 1.5%，是绝经后女性骨质流失率的 10 倍以上。

想要进行长期的太空旅行，而不是只局限在火星上，将需要我们进行更为广泛的人体再造。好消息是，天文学家在其他类似太阳系的星系中发现了数千颗行星。其中，鲸鱼座 T 星（Tau Ceti）离我们只有 12 光年，在天文学距离上是非常近的。该星系内部有一颗可能适合人类居住的行星，其质量是地球的 4 倍。以当前可以实现的最快的太空旅行速度，我们想要造访这颗行星可能需要 9 万年时间，大概需要经历 4500 代人。

也许有一天我们会把耐辐射球菌的基因添加到人类身体里，这种微生物能承受 10000 倍于正常微生物的电离辐射，也可以在干燥、缺少食物的环境中生活几个世纪。这种生物在地球上无处不在，看上去也特别适合太空旅行，这就引出了各种有趣的问题：为什么这样的生物会在地球上进化出来，而且这么常见？它在宇宙中其他地方也这么常见吗？

人类未来也可能会适应辐射。许多与地球密切相关的物种会在一些真正恶劣的环境中（比如存在放射性钴 -60 的环境）快速进化。以大肠杆菌为例，如果暴露在有毒辐射中，那么 99% 的第一代细胞都会死亡，但是到了第二十代，存活下来的细胞就会找到摆脱活性氧分子并在同样有毒的环境中生存的方法。即使在最不可能的环境中，一些生命也可以学会适应。

当前的各种疾病正快速推动人类知识的积累与发展。通过改造人体来重新修复 DNA 中双重受损的部分，我们将可以保护那些吸烟的母亲的胎儿、治疗某些癌症以及修复辐射暴露。总有一天，我们也会考虑使用这些新技术来改造人类。如果进入太空，我们要如何呼吸？依靠氧气吗？在火星和所有已知的行星上，如果不穿宇航服出舱，宇航员就一定会死。但如果在太空舱里一关就是好几个月，想必任谁都可能感觉不太好，很想在不穿笨重的宇航服的情况下走动走动，伸展一下身体。在火星的赤道附近，人们的这种想法可能尤其强烈，要知道，那里的温度可能达到比较温暖的 21 摄氏度。波士顿儿童医院的医生们正在研发一种无须通过肺部就能直接将氧气注入血液的系统。通过将一些纯氧小颗粒封装在脂质中并注入人体，随着脂质的循环，这些小颗粒会以不同的速度释放氧气，保持身体的氧合状态。

或许我们应该考虑一下，如何修补人类的基因才能使我们在太空旅行中占得先机呢？乔治·丘奇认为，人类体内存在大约 200 种可能对未来太空旅行者有用的罕见基因变异。治愈癌症和解决太空旅行问题的一个具有启发性的线索可能来自一个由犹太人后裔组成的偏远社区，这个社区被西班牙宗教法庭流放到了地球上最偏远的地方——厄瓜多尔南部的拉隆社区，那里有大约 100 个非常矮的人（考虑到现在地球上的人们对身高的偏好，这在通常情况下并不是一个占优势的特征），而在有限的空间里，体型较小的人可能会做得更好，也更健康。

科学家发现，拉隆犹太人群体中发生突变的生长因子 IGF-1 也可以降低小鼠的糖尿病和癌症发病率。据此我们可以设想，人们或许可以改造或严格限制人类的某些特征，从而达到延长寿命的目的。例如，丘奇希望设计出几乎不会产生疼痛感的宇航员，以防他们在外执行任务需要做手术时，身边没有麻醉师。

也许我们应该把无菌人送上太空？今天的宇航员面对着双重威胁：第一，

人类免疫系统的功能在太空中似乎会变弱；第二，辐射和微重力会导致微生物迅速变异，形成新的物种，而这种变异有时会使其毒性增强，或迷惑、逃避我们的免疫系统。尽管身体里的微生物组为我们提供了许多基本服务，但在一个截然不同的高辐射、高突变、失重的环境中，它们可能会反过来伤害我们。看到这里，你是不是想到了杀菌？但如果对所有东西进行消毒处理，把所有好的和坏的微生物都杀掉，那么那些要返回地球却丧失了免疫力的人要如何生活呢？或者，你是不是想消灭某些有害微生物，修剪不断变异的微生物群，结果却导致某些微生物种群得到了持续强化？

繁殖呢？在零重力环境下做爱可能听起来很有趣，但它的生殖效率并不高。微重力和电离辐射会导致精子畸形、产生癌性突变和生殖适应性降低。此外，在计划去某个星球来一次完美的旅行之前，你还要面对一件事：太阳系中约有 400 亿颗行星。

最终，我们在太空旅行中需要面对的物理问题可能比神经行为问题更容易解决。例如，一个新的行星移民地是否应该确保抵达那里的人们没有任何精神障碍？在太空移民地中产生的艺术、绘画、戏剧、文学、诗歌和其他创造性的成果会有什么不同呢？选择建立这样一个世界，会产生无法预见的后果吗？与所有表观遗传的东西一样，一些人类研究似乎揭示了某些精神状态和创造力之间的关系，另一些研究声称两者之间有着直接的因果关系，还有一些人则声称自己什么也没找到。也许最切合实际的答案是，我们应该避免将完整的生命体送到遥远的地方。弗朗西斯・克里克（Francis Crick）的提议是，我们可以不发送人类，只发送信息：将人类基因组分解成小块，植入不同的细菌中，然后将细菌送到另一个星球，最后在目的地重新组装人类基因组。从某种意义上说，这类似于通过互联网发送信息包，然后在目的地重新将这些信息组合成一个整体。

还有一种选择是发送一个 DNA 打印机，它将连续喷出 G、A、T、C 碱基，这样就可以在宇宙飞船到达目的地之前制造出长链DNA来构建“设计物种”。这两种方法都可以解决发育完全的身体在太空旅行中可能会遇到的辐射、能量、情绪和健康等问题。

DNA打印这个选择可能比克里克的想法更接近现实。2013年11月，莫哈维沙漠的尽头聚集了大量的卡车、房车和小汽车，这一幕很容易让人想起《绝命毒师》(*Breaking Bad*)中的场景。这些来自合成基因组学、文特尔研究所和美国国家航空航天局的人在这个贫瘠、干燥、尘土飞扬的地方召开了一次会议，目的是模拟人类在火星上的生活。他们在那里是为了测试一个未来的概念——数字生物转换器。

推动这项实验的原因是目前疫苗生产的低效率现状。在现在的疫苗生产过程中，科学家需要将致命的病毒样本带进实验室人工培养，然后利用孵化后的鸡胚培养病毒，最终提纯、精制形成疫苗。整个过程大概需要6个月到一年。如果病毒毒性很强，人们感染之后会很快病发身亡，那么通过研制疫苗来保护人类就算不上一个很有效的方法。而如果有了数字生物转换器，科学家就可以在疫情发生的地点对病毒进行测序，然后将DNA序列数据上传到云端，在已有病毒(比如禽流感、猪流感和各种人类流感)的数据库上运行它，这样就可以马上设计出有效的疫苗，然后把相关信息文件发送到飞行中的飞机上的DNA打印机上。当飞机降落时，我们就可以得到足够的疫苗来治疗第一批感染者。

这个计划的第一部分已经变成了现实。诺华公司、合成基因组公司和文特尔研究所已经提取了H7N9病毒的样本，并在没有接触活病毒的情况下制造出了疫苗。目前，他们正朝着在一周内打印出整个美国需要的流感疫苗的目标迈进。如果能在地球上打印出疫苗，将来我们也应该能够打印出能形成活体微生物的DNA序列。如果能打印微生物，我们就能跨越相当长的物理距离。从客观上来看，这次实验也验证了一个问题，即我们是否可以把打印机运送到另一个星球，然后让它在那里打印出一个活着的生物体——可以产生氧气或藻类作为食物和燃料的有机体。

与发送种子或冷冻细胞不同，发送打印机提供了更大的灵活性，科学家可以根据需要将功能编程到 DNA 中，从而使打印出来的有机体适应当地的环境。到那时，我们就可以观看到实时进展和极速进化了。

正如你在这本书中所看到的，人类基于运动、美容和医学方面的理由设计了自己的身体，我们现在拥有的工具是如此强大，以至于在不太遥远的将来，我们很可能会设计出完全不同于自己的人类物种。

当人类为了进行“长途旅行”重新设计自己时，不仅会产生一些新的物种，在人类离开地球之后，我们也肯定会继续进化，因为需要持续改造人类的身体以适应各类差异较大的环境。

也许正确的答案是，如果我们要去太空，最好不要把所有东西都押在轮盘赌上，也不要压在任何一个基因或任何一个“合适的人”身上。如果要说我们从细菌、植物和动物身上学到了什么的话，那就是持续变异、适应和杂交的价值。我们必须尊重自己从达尔文那里学到的在地球和太空生活所需要的东西。

现在看来，前往太空似乎还是一件很遥远的事情，而在人类有感知的时间内，我们实际上已经完成了很多东西。如果把地球生命的进化历史看作一年，那么人类文明出现至今只有 1.5 分钟。以这样的速度发展下去，太空旅行和移民其他行星很可能会在几秒钟后实现。

在开始对宇航员进行工程设计之前，人们可能会先看到大规模基因编辑成为现实，主要用于治疗早期乳腺癌或卵巢癌。

我们的野心还会继续膨胀，CRISPR 技术的发展很快就可以帮助我们把各类特性植入人体细胞，包括精子和卵子，而现在我们面临的主要问题是社会层面的认可和支持。

结 语

新的进化树

化学生物学家弗洛伊德·罗梅斯伯格（Floyd Romesberg）的“孩子”孕育了整整15年，但事实证明，等待是值得的，他最终得到了一个漂亮的新生儿——突变大肠杆菌，它的DNA与地球上任何一个物种都不一样。截至2013年11月27日，地球上的每个生物都被认为来自一个共同的祖先，所有已知的生命形式都是由四个碱基构成的DNA遗传密码决定的。罗梅斯伯格和他在斯克里普斯研究所的团队突发奇想，在DNA中添加了两个新的碱基，这把生命密码的构成由四个字母变成了六个字母（新的碱基现在被称为X和Y）。

一些项目投资者和大多数同行评审员都认为，这种新的生命化学是不可能实现的，他们拒绝为该项目提供资金支持。当罗梅斯伯格最终通过其他方式完成这一项目的时候，DNA编辑领域的创始人之一史蒂文·本纳（Steven Benner）简单地总结了这一突破，他说："弗洛伊德的相关研究论文太重要了。"自然界在 40 亿年内没能做到的事情，人类在短短几十年内就做到了——有史以来第一次拥有了由六种碱基构成的 DNA 编码的生命，而且这种生命还可以实现复制繁殖。

短期来看，这一发现相当于创建了一颗全新的进化树。我们将可以看到一个用不同的生命化学形式讲述的进化故事，而这个故事是与地球上所有现存生命的进化平行的。这种新生物的基因编码决定了它很可能不会与任何生物一起繁殖，而且它可以不受所有缺乏其编码的病毒的侵袭，因为没有寄生虫可以与这种新的编码形式共存。

中期来看，基于这种新的化学形式产生的新生命将建立在 172 种不同大小和形状的基本氨基酸的基础之上，而不是由 20 种氨基酸组成的基本工具包构建的。在经历 40 亿年的共同生活之后，人类改写了生命的密码，这一变化将带来更多新的物种，而这些物种在基因上将是彼此隔离的。

罗梅斯伯格并不是唯一一个参与重写生命未来的人。史蒂夫・本纳正忙着建立"人工扩展的基因信息系统"，他试图用数百种不同的方法将现有的 DNA 与新的化学物质结合起来，用于攻克癌症或阿尔茨海默病等疾病。2011 年，菲利普・马尔利埃（Philippe Marlière）用 5- 氯尿嘧啶取代了构成 DNA 的 4 种碱基中的胸腺嘧啶，而他最终的目标是换掉所有四个碱基对，建立一个属于自己的外星生命花园。在日本，平井一郎（Ichiro Hirao）正试图将这一新兴领域标准化和产业化。而如果没有读到詹姆斯・沃森写作的《双螺旋》（*The Double Helix*），平井一郎很可能会成为一位游戏设计师或演奏古典乐的吉他手。

长期来看，既然我们知道自己掌握了改写生命密码的能力，那未来就更不可能停手。借助各种化学物质，我们就可以开始思考如何在不同条件下以非常不同的方式"孕育"生命。本纳认为，虽然 DNA"可能不是编码生命的最佳解决方案，但它可能是在有利于生物生存的地球上出现的最佳解决方案”。早期的地球环境是有毒的，其中漂浮着氰化氢等物质，因此早期的地球生命只能选择利用这些化学物质来制造更复杂的分子，构成像腺嘌呤这样的基本组成部分。

还有一个关于水的问题，我们都知道，水是必不可少的，但同时它又是具有破坏性和腐蚀性的。水可以帮助细胞存活，促使 DNA 复制、突变。但是本纳说：“大多数人都认为自己传给孩子的宝贵基因是通过水中的氢键完成的，但如果你是一个化学家，你肯定不会这么认为。”如果我们真的想使自己的基因长期流传下去，而且将变异的概率降到最低，就需要解决负电子氧会撕裂分子的问题——在你的身体里，细胞中的 DNA 每秒都会因为水的作用分解很多次。由于分解作用造成的持续衰变，我们需要耗费大量的能量来修复基因密码，这也是导致衰老的核心过程之一。

最终，化学将发展到这样的程度：我们将能够在今天看来难以忍受的条件下编码自我复制的生物体。本纳和其他几位科学家现在正试图利用有机溶剂，如甲醛，建立“干生命”，这些生命形式将以碳为主要能量来源，而不是氧，也不需要水。

如果说基因密码和生命是一个普遍的自我组织系统，可以传递各种复杂的信息，我们没有理由认为它必须是基于 DNA 的。本纳、罗梅斯伯格和其他人已经指明了方向，也有一些人开始意识到“生命可能是特定化学不平衡的必然结果”。这些化学不平衡可以在不同的情况下发生，只要有氢气、甲烷和一些其他的化学物质来完成一个循环，形成一个 pH 梯度就可以。这意味着人们可能会在完全不同的行星上发现自我复制的生命形式，包括那些非常寒冷、几乎没有水的行星。地球上的生命可能是在没有水的情况下进化而来的，后来却不得不适应水和氧的存在。事实上，炎热、干燥、几乎没有水的环境与生命是否存在并不矛盾，在地球生命诞生之前出现的复杂生物分子可以在富含矿物硼酸盐的干旱环境下形成。在意识到 DNA 并不是唯一的答案之后，每一个发现都仿佛在提示我们，其他地方的生命可能遵循着完全不同的遗传学规律。回到地球，回到我们目前了解到的进化阶段，美国国家航空航天局天体生物学家彼得·沃德（Peter Ward）简洁有力地提出了人类今天面临的核心问题：“我们控制了这么多动植物物种的进化，为什么还没有轮到人类自己呢？我们为什么要等自然选择来完成这项工作，而不是依靠自己更快地完成这项工作并从中受益呢？”

在我们开始有意地改变、重写、插入、关闭和删除 DNA 密码之前，人类的进化就已经开始了。随着自然选择被人类的选择所取代，我们迅速地适应了不断变化的环境，以至于在过去的 5000 年里，人类基因组中有 7% 的序列都经历了快速的进化。达尔文进化论描述的尺度与我们现在的能力相比，可谓相当缓慢，因为我们可以非随机地设计突变。如果说地球生命的进化是一出肥皂剧，那我们已经从这部剧的观众和演员转变为了它的制片人和导演。（虽然无法控制每一个演员或观众，但我们对于谁能在银幕上出现，出现多长时间，在什么样的情节中出现拥有了相当程度的发言权。）

在详细了解自己的基因密码后，我们不仅能够改变大自然赋予我们的密码，而且还能够自己设计。这确实是会让达尔文感到惊讶的一大转变。

一旦我们以有益的方式改变了自己的基因密码，由此产生的特质的改变就会传遍整个人类群体，包括我们的后代。之前，合成生物学家都只是创造了细菌的基因组，而没有创造出拥有更大基因组和更多染色体的高等生物。而在 2013 年 12 月，约翰斯·霍普金斯大学的科学家们构建了完整的真核生物染色体，这意味着他们离构建全新的植物和动物基因组又迈出了一大步。2014 年 5 月，一个意大利团队公开展示了如何使用 CRISPR“对人类造血干细胞进行定向基因编辑”。通俗地说，这意味着一个人可以取出自己的干细胞，对一个或多个特定基因进行改变，然后再将这些带有健康指令的细胞移植回体内。

该团队并不是唯一一个在进化沙箱里开展实验的队伍，纽约纪念斯隆－凯特琳癌症中心的一个团队刚刚宣布，他们在人类干细胞系中引入了三个主要变化。

总之，我们现在已经可以在几个月内设计、制造新的基因并将其移植到人类身上，可以在几个月内设计、制造整个基因组并将其移植到细菌中，也可以在几个月内制造出新的染色体。数百万年的进化价值正在被人类重新定义和掌控。

那我们可以用这些迅速积累、获得的力量做什么呢？就目前而言，我们已经可以改造植物和动物，并使改造后的动植物产出下一代，以满足我们的需要和口味。出于其他原因，我们也几乎从根本上改变了某些动物的身体。之前的科幻恐怖电影预言，未来会出现人类器官农场，在那里我们可以“种植”克隆器官，为有移植需求的人提供供体。而我们现在已经在利用动物培养个性化器官了，这样就可以避免移植器官造成的排异反应。

不久之后，我们还有望实现对基因功能的周期性调整，这种调整针对的不是致病基因，而是那些能抵抗某种疾病的基因。在鼠疫、疟疾或艾滋病病毒猖獗的特定环境中，大约每 2 万人中就有一人具有免疫力。通过分离这些罕见个体的基因，并将有益的突变迅速传播给其他人，我们或许能够快速提升人们对某些病毒的抵抗力。而种系干预可能会使我们的后代对各种疾病产生抗药性，这也是加州大学旧金山分校的简悦威（Yuet Kan）团队正在进行的研究——利用 CRISPR 改造人类血液干细胞，帮助人们获得对艾滋病病毒的抵抗力。

我们会想要发现一种“对所有天然病毒都具有抗性的通用机制”吗？答案是肯定的。如果改变了 DNA 读取和操作病毒表达系统的方式，那些劫持我们的基因的病毒就无法插入自己的基因并执行自己的任务。这种改变可以使人类、动物和植物对许多传染病产生抵抗力。但我们还需要记住的一点是，病毒就像和我们共生的很多细菌一样，也可以带给我们某种好处，并在进化中发挥关键作用。

不过，在开始大规模干预人类的基因组之前，“预测基因组学”已经率先出现了。2014 年，普林斯顿大学教授李・西尔弗（Lee Silver）推出了一项名为“基因－窥视”（Gene-Peeks）的服务。他声称，该服务可以在一对夫妻怀孕前对他们的 DNA 进行比对，从而确定他们未来的孩子是否健康。就目前而言，这种比对对于找出近 100000 种由单基因变异导致的疾病，比如囊性纤维化，可能是有用的。与此同时，他们也在积极寻求验证由多种基因共同决定的身体特征，以在预测方面取得专利。由多种基因共同决定的身体特征包括攻击性、血压、体重指数、乳房大小和形状、下巴、条件性情绪反应、酒窝、学习能力、酒量、药物滥用、耳朵的大小和形状、饮食习惯、生育能力、握力、头发的颜色等。到目前为止，我们对基因如何发挥作用以及基因与基因之间的复杂作用网络还缺乏了解，无法给出准确的预测。除此之外，假设我们了解单个基因的作用和基因与基因之间的相互作用关系，那是否应该在预测疾病和预测样貌之间划清界限呢？父母是否应该了解一切并全权替未来的孩子做决定？

在去教室的路上，诺贝尔经济学奖获得者、斯坦福大学教授肯・阿罗（Ken Arrow）喜欢思考他那天要教什么，要问些什么问题。他不喜欢说教，喜欢对已知的内容提出问题，然后和学生一起探索。随着新的论点或发现浮出水面，或更有趣的事情出现，他还会自由地转换话题。对于由非自然选择和非随机突变驱动的世界，我们的了解仍然远不够全面。就像阿罗教授一样，我们在这本书中与大家探讨的一切主题，包括化学、伦理、基因组学、宗教、机器人、政治、行为、太空旅行和人类的未来，都是一种引子，希望引发大家共同探索的兴趣。本着这种精神，你会如何回答胡安在最近一次的 TED 演讲上提出的问题——如果你能重新设计人类，你希望未来的人类是什么样的？

我们面临着非凡的挑战，同时这也意味着千载难逢的机会，而以前地球上的任何一种生命形式都没能实现这一点。我们有责任做出明智的选择，为人类将来去适应不同的环境做准备，最终离开地球。在出现了几十种变种之后，那种依旧认为人类物种不会改变，我们无法改善物种、不会制造出新物种的想法是愚蠢的。如果我们没能认识到正在发生的事情，没能认识到它们发生的速度有多快，我们就无法改进自己，创造一个理想的世界。在理想世界里，我们仍然会有众多追随者，而达尔文仍将是一位优秀的向导。在我们开始人类最伟大的冒险之旅——创造自己的后继者时，他留给了我们坚定的基础和理论。

无论是好是坏，我们都越来越能掌控局面，成为变革的主要推动者。未来，我们将直接或间接地决定人们的出生和死亡，包括在哪里和在什么时候。我们站在一个关键的进化转折点上，未来就握在我们手中。

未来，属于终身学习者

我这辈子遇到的聪明人（来自各行各业的聪明人）没有不每天阅读的——没有，一个都没有。巴菲特读书之多，我读书之多，可能会让你感到吃惊。孩子们都笑话我。他们觉得我是一本长了两条腿的书。

——查理·芒格

互联网改变了信息连接的方式；指数型技术在迅速颠覆着现有的商业世界；人工智能已经开始抢占人类的工作岗位……

未来，到底需要什么样的人才？

改变命运唯一的策略是你要变成终身学习者。未来世界将不再需要单一的技能型人才，而是需要具备完善的知识结构、极强逻辑思考力和高感知力的复合型人才。优秀的人往往通过阅读建立足够强大的抽象思维能力，获得异于众人的思考和整合能力。未来，将属于终身学习者！而阅读必定和终身学习形影不离。

很多人读书，追求的是干货，寻求的是立刻行之有效的解决方案。其实这是一种留在舒适区的阅读方法。在这个充满不确定性的年代，答案不会简单地出现在书里，因为生活根本就没有标准确切的答案，你也不能期望过去的经验能解决未来的问题。

湛庐阅读App：与最聪明的人共同进化

有人常常把成本支出的焦点放在书价上，把读完一本书当作阅读的终结。其实不然。

时间是读者付出的最大阅读成本
怎么读是读者面临的最大阅读障碍
“读书破万卷”不仅仅在“万”，更重要的是在“破”！

现在，我们构建了全新的“湛庐阅读”App。它将成为你“破万卷”的新居所。在这里：

- 不用考虑读什么，你可以便捷找到纸书、有声书和各种声音产品；
- 你可以学会怎么读，你将发现集泛读、通读、精读于一体的阅读解决方案；
- 你会与作者、译者、专家、推荐人和阅读教练相遇，他们是优质思想的发源地；
- 你会与优秀的读者和终身学习者为伍，他们对阅读和学习有着持久的热情和源源不绝的内驱力。

从单一到复合，从知道到精通，从理解到创造，湛庐希望建立一个“与最聪明的人共同进化”的社区，成为人类先进思想交汇的聚集地，与你共同迎接未来。

与此同时，我们希望能够重新定义你的学习场景，让你随时随地收获有内容、有价值的思想，通过阅读实现终身学习。这是我们的使命和价值。

湛庐阅读App玩转指南

湛庐阅读App结构图：

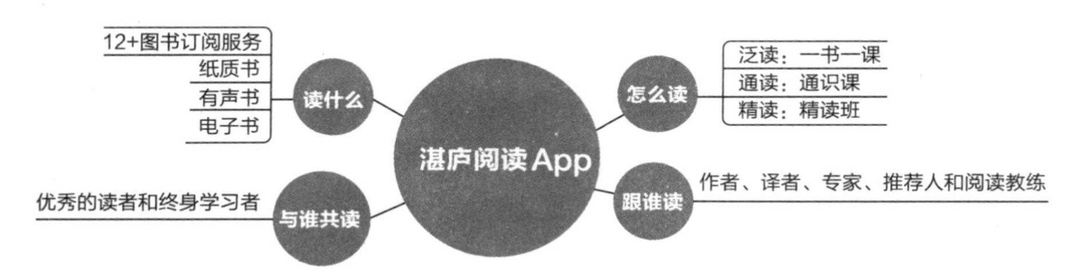

三步玩转湛庐阅读App：

App获取方式：

安卓用户前往各大应用市场、苹果用户前往App Store
直接下载“湛庐阅读”App，与最聪明的人共同进化！

使用App扫一扫功能，遇见书里书外更大的世界！

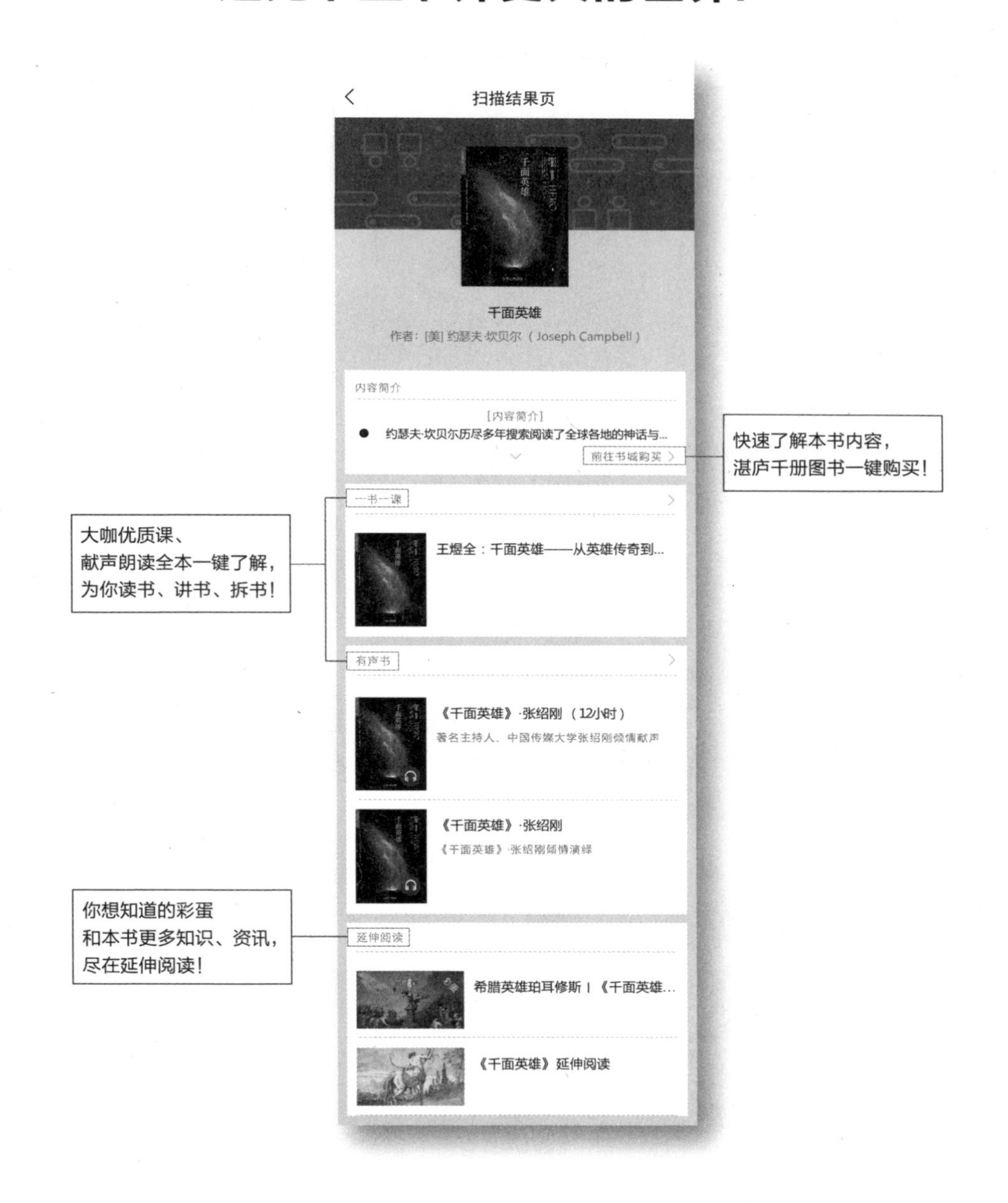

湛庐CHEERS

延伸阅读

《基因启示录》

◎ 饶毅、李治中（菠萝）倾情作序，王立铭、严锋、吴军、刘慈欣、嵇晓华（姬十三）等大咖鼎力推荐！读懂基因、读懂你，有这一本就够了！没有长篇大论，也不故作艰深，这是一本助你迈入基因时代的必读书。它明快生动、通俗易懂，紧扣基因科学热门话题，是每一个渴望了解自己、了解世界的人都不可错过的一部科普佳作！

《基因之河》

◎《基因之河》是理查德·道金斯继《自私的基因》之后的又一经典作品，一本以现代生物学观点来解释生命进化过程的科普读物。道金斯将生命的进化过程比作一条基因之河，在时间长河中，基因相互碰撞和重组，不断分叉，不断消亡。值得一提的是，道金斯还在书中分析了实现生物信息在宇宙范围内爆炸需要跨越的各个可能门槛，让我们得以对生命未来会走向何方有所想象。

《人类起源的故事》

◎《人类起源的故事》既有自然科学的实证，又有人文社科的情怀，既重视知识的传播，又兼具趣味性和可读性。书中有20幅精美的人类迁徙路线图，完美概括了科学界的最新研究成果。《三体》作者刘慈欣评价大卫·赖克是“讲故事的高手”；著名科学家杨焕明、付巧妹、王传超为本书的科学理性、严谨认真做保证；科普高手万维钢、河森堡、小庄为之“着迷”；文化思想界大咖严锋、刘擎、袁越（土摩托）受其“感召”；世界著名科普作家贾雷德·戴蒙德、悉达多·穆克吉、丹尼尔·利伯曼、塔勒布联袂推荐！

《生命的法则》

◎ 美国两院院士、伟大的科普作家肖恩·B.卡罗尔重磅新书！入选《金融时报》年度十佳科学图书和《自然》杂志评选的Top20好书。商业思想家吴伯凡、财讯传媒首席战略官段永朝、北京大学教授谢灿、厦门大学教授王传超、“社会生物学之父”爱德华·威尔逊、美国国家科学院院士尼尔·舒宾、《基因传》《众病之王》作者悉达多·穆克吉联袂推荐！

Evolving Ourselves: How Unnatural Selection and Nonrandom Mutation are Changing Life on Earth

This edition published by arrangement with Current, an imprint of Penguin Publishing Group, a division of Penguin Random House LLC, arranged through Andrew Nurnberg Associates International Ltd.

图书在版编目（CIP）数据

重写生命未来 / （墨西哥）胡安·恩里克斯（Juan Enriquez），（墨西哥）史蒂夫·古兰斯（Steve Gullans）著；郝耀伟译. -- 杭州：浙江教育出版社，2021.1
ISBN 978-7-5722-0947-5

Ⅰ. ①重… Ⅱ. ①胡… ②史… ③郝… Ⅲ. ①人类进化—普及读物 Ⅳ. ①Q981.1-49

中国版本图书馆CIP数据核字（2020）第211741号

浙江省版权局
著作权合同登记号
图字：11-2020-248号

上架指导：生命科学 / 未来趋势

重写生命未来
CHONGXIE SHENGMING WEILAI
[墨西哥] 胡安·恩里克斯（Juan Enriquez） 史蒂夫·古兰斯（Steve Gullans） 著
郝耀伟　译

责任编辑：傅　越
美术编辑：韩　波
封面设计：ablackcover.com
责任校对：高露露
责任印务：陈　沁
出版发行：浙江教育出版社（杭州市天目山路 40 号　电话：0571-85170300-80928）
印　　刷：石家庄继文印刷有限公司
开　　本：720mm ×965mm 1/16
印　　张：15.75　　字　　数：240 千字
版　　次：2021 年 1 月第 1 版　　印　　次：2021 年 1 月第 1 次印刷
书　　号：ISBN 978-7-5722-0947-5　　定　　价：79.90 元

如发现印装质量问题，影响阅读，请致电 010-56676359 联系调换。